东北黑土区小流域土壤侵蚀监测与模拟

王爱娟　著

·北京·

内 容 提 要

本书系统介绍了东北黑土区土壤侵蚀的特点，详细分析了国内外已有模型的优缺点和降雨、地形、土壤、植被等影响土壤侵蚀因素的空间分布规律和相应的参数值范围，在此基础上基于连续性方程建立了适用于小流域的土壤侵蚀动态模型，为小流域水土流失预报提供了计算工具。

本书对坡面和小流域土壤侵蚀监测与模型建立具有一定的借鉴意义，可供水土保持、水利、地理、资源、环境、生态等方面的管理者、科技工作者、监测人员及高等院校相关专业的师生参考阅读。

图书在版编目（CIP）数据

东北黑土区小流域土壤侵蚀监测与模拟 / 王爱娟著
-- 北京 : 中国水利水电出版社, 2019.6
ISBN 978-7-5170-7795-4

Ⅰ. ①东… Ⅱ. ①王… Ⅲ. ①黑土—小流域—土壤侵蚀—研究—东北地区 Ⅳ. ①S157

中国版本图书馆CIP数据核字(2019)第129408号

书　　名	**东北黑土区小流域土壤侵蚀监测与模拟** DONGBEI HEITUQU XIAOLIUYU TURANG QINSHI JIANCE YU MONI
作　　者	王爱娟　著
出版发行	中国水利水电出版社 （北京市海淀区玉渊潭南路1号D座　100038） 网址：www.waterpub.com.cn E-mail：sales@waterpub.com.cn 电话：（010）68367658（营销中心）
经　　售	北京科水图书销售中心（零售） 电话：（010）88383994、63202643、68545874 全国各地新华书店和相关出版物销售网点
排　　版	中国水利水电出版社微机排版中心
印　　刷	天津嘉恒印务有限公司
规　　格	170mm×240mm　16开本　10.75印张　211千字
版　　次	2019年6月第1版　2019年6月第1次印刷
印　　数	0001—1000册
定　　价	**58.00**元

凡购买我社图书，如有缺页、倒页、脱页的，本社营销中心负责调换

前言

土壤侵蚀是造成草地沙化、耕地退化、土壤肥力下降和粗骨化的主要原因。东北黑土区是我国重要的商品粮基地和老工业基地，其粮食产量在中国的粮食生产中有着举足轻重的地位。在当前中国粮食生产重心北移的态势下，东北黑土区无论是从商品粮保障能力还是粮食增产潜力来看，都是“重中之重”，其粮食生产能力和生产的可持续性关系到国家的粮食安全战略。东北黑土区土壤侵蚀的防治直接关系到国家的粮食安全问题。

本书以小流域土壤侵蚀模型为核心，在分析国内外已有模型的优缺点、总结东北黑土区土壤侵蚀特点的基础上，建立了东北黑土区小流域土壤侵蚀动态模型，系统地介绍了从降雨到植被截留、径流产生、汇流、土壤侵蚀的计算和模拟，子模型包括降雨产流模型、汇流模型、土壤侵蚀模型等，在每个部分介绍了目前可用的模型和需要的参数，总结分析已有的监测数据。此外，对模型代码和使用也作了介绍，并附有模型的源代码，供相关人员使用和改进。

东北黑土区小流域土壤侵蚀模型的建立是在国家基础研究发展规划项目（973规划）“多尺度土壤侵蚀预报模型”（2007CB407204）项目、全国水土流失动态监测项目的支持下完成的，应用了全国水土保持监测网络东北黑土区水土保持监测点的监测数据，相关监测人员做了大量的观测工作，在此向北京师范大学等负责监测点观测和管理的人员表示感谢！

由于作者水平所限，书中疏漏在所难免，敬请读者批评指正。

作者

2019年4月

目　　录

第1章 概论

1.1 土壤侵蚀模型研究

土壤侵蚀机理模型一直是土壤侵蚀研究的热点，国外已建立较为成熟的物理成因土壤侵蚀模型，而我国因气候差异性大，导致土壤侵蚀空间变异性很大，至今还没有在全国通用性很好的流域土壤侵蚀模型。现今对于土壤侵蚀规律由定性到定量的研究迫切需要在基于我国土壤侵蚀区域性差异研究的基础上，根据我国不同侵蚀分区的特点建立适合该区域的流域分布式土壤侵蚀模型。

1.1.1 土壤侵蚀预测研究的重要性

根据第一次全国水利普查水土保持情况普查，我国土壤侵蚀面积的294.91万km^2，占全国总土地面积的31%，其中水力侵蚀面积为129.32万km^2，风力侵蚀面积为165.59万km^2，已严重影响和制约了国民经济的发展和社会的安定。我国的农业耕垦历史悠久，大部分地区自然生态平衡遭到严重破坏，森林覆盖率为12%，有些地区不足2%。全国几乎每个省都有不同程度的水土流失，其分布之广、强度之大、危害之重，在全球屈指可数。

根据地形特点和自然界某一外营力起主导作用的原则，将我国水土流失类型区分为以水力侵蚀为主的类型区、以风力侵蚀为主的类型区和以冻融侵蚀为主的类型区。以水力侵蚀为主的类型区又可分为5个二级类型区，包括西北黄土高原区、东北黑土区（低山丘陵和漫岗丘陵区）、北方土石山区、南方红壤丘陵区、西南土石山区［《土壤侵蚀分类分级标准》(SL 190—2007)］。东北黑土漫岗区主要分布在松花江中上游，是大兴安岭向平原过渡的山前波状起伏台地，是我国主要的商品粮生产基地之一，水蚀面积约13万km^2。东北黑土漫岗区的地形特点是坡度较缓（一般为3°～5°），但坡长较长（一般为800～

1500m)。黑土的有机质含量较高，耕作层疏松，底层黏重，透水性很差，暴雨时耕作层容易饱和，形成地表径流，加上农民长期有顺坡耕作的习惯，极易造成水土流失，使黑土层逐年变薄，粮食单产降低。许多地方已由面蚀发展到沟蚀，将坡面切割得支离破碎，不仅减少了耕地面积，而且加剧了旱灾的发生。

从定性到定量是科学发展的必然趋势。随着人们对客观事物认识的深入，定性描述已不能说明事物发展的详尽过程，不能满足生产实践对数量指标的要求，必须借助定量的数学语言来表达。土壤侵蚀的发生发展是一个缓慢的过程，它所产生的影响也是综合和长期的积累作用，因此迫切需要能及时诊断土壤侵蚀发生发展状况，定量评价土壤侵蚀及其影响的技术工具，即土壤侵蚀预报模型。它可以评价各种环境中的土壤、营养物的流失以及泥沙输移，为水土流失调查提供决策支持；对土地利用进行合理规划，提供土地利用变化的信息，分析不同水土保持措施的效果，是水土保持措施配置的重要技术工具；帮助我们更好地理解土壤侵蚀过程，包括单个过程的动态变化和相对重要性以及它们之间的相互关系。因此，模型的发展离不开侵蚀过程的研究，同时模型又是检验新研究成果的一个重要工具。

1.1.2 土壤侵蚀模型研究的发展趋势

土壤侵蚀和产沙机理的研究开始于 19 世纪后期，研究目的是着眼于地形的宏观发育过程。作为一门学科的土壤侵蚀研究开始于 20 世纪 20 年代（景可等，2005），土壤侵蚀研究者通过野外观测和室内实验对土壤侵蚀的类型、侵蚀强度及其区域划分、侵蚀地貌形态等有了定性认识，对侵蚀和产沙进行定量研究；到了 60 年代研究基本上仍是经验性的，建立了各种各样的经验关系。60 年代后期随着实验方法的改进和计算机技术的兴起，侵蚀和产沙机理研究得到发展，建立了一些有物理成因基础、能模拟侵蚀和产沙物理过程的数学模型，但是所建立的模型都是将流域视为一个整体的集总式模型。进入 90 年代，随着 3S（RS：遥感、GPS：全球定位系统、GIS：地理信息系统）技术的发展，流域侵蚀模型由传统的集总式向流域单元划分的分布式过渡。

经验模型和概念性模型仅涉及表面现象而不涉及物理机制，其所涉及的参数不能直接测定，不能客观地反映流域侵蚀的机制以及时间和空间的分布规律，无法全面、系统地刻画流域的侵蚀规律。集总模型将整个流域看作一个整体，只是反映有关因素对侵蚀形成过程的平均作用。集总式模型中的参数通常采用平均值。但是随着人类活动的增强，人们越来越关注土地利用、植被变化对侵蚀过程的影响，越来越关注无资料地区如何率定模型参数来研究侵蚀过程，因此集总式模型的不足相应地表现出来。集总式模型也具有一定的物理意义，但分布式物理模型的优点是考虑了各个因素的空间变化和时间变化，可以通过连续方程和动力方程求解，可以更准确地描述侵蚀发展过程和侵蚀的空间分布，具有很强的可移植性，并着重考虑不同单元间的水平联系，因此在模拟土地利用、土地覆被变化、水土流失变化等方面应用中比集总式模型更显出优势。另外，分布式模型的大多数参数一般不需要通过实测资料来率定，便于在无实测资料地区的应用。

美国的经验模型和物理模型开发、改进与集成方面都走在世界前列，并得到了广泛应用。国内由于起步较晚，主要研究是以解决具体的问题为需要，对现有国内外概念性模型的应用与改进，一些新开发的经验模型与概念模型专题性强，涉及的影响因素还是比较少的。因为对实际自然地理过程中很多的其他相关学科过程需要进行抽象，以至于可移植性表现不好，给大范围推广造成一定困难，而把国外的模型移植到中国来使用，不仅在数据基础上，而且在模型的开发过程中也存在很多问题，不能完全适用我国的实际情况（陈赞廷等，1988）。到目前为止，国内的侵蚀产沙模型多为经验模型，分布式侵蚀产沙模型并不多见，并且由于研究区域的不同，模型的通用性不高且多集中在黄土高原。由于我国不同水蚀区侵蚀环境的巨大差异及侵蚀方式的多样性、侵蚀过程的复杂性、人类活动影响的长期性和深刻性、水土保持措施的多样性等问题，建立适用于全国的侵蚀预报模型有极大的困难（郑粉莉等，2005）。综上考虑，根据我国不同侵蚀分区的特点开发适合该区的分布式土壤侵蚀模型十分必要，分布式模型能够反映流域内侵蚀产沙的时空分布，可以计算流域内任一单元的侵蚀量，借鉴现有广泛应用的物理模型构建分布式土壤侵蚀模型，为水土流失治理和土地资源保护提供科学决策支持有着重要的现实意义。

1.2 土壤侵蚀模型研究进展

土壤侵蚀研究工作开展一个多世纪以来，土壤侵蚀机理的研究已取得重大进步。总结研究历程不难发现，土壤侵蚀模型是重要的研究手段，基于土壤侵蚀模型的目标和目的不同，大致分为经验统计模型和物理成因模型两个分支。在预报不同管理措施下的侵蚀量时适合采用经验模型；当需要了解土壤侵蚀发生过程时适合采用物理模型。统计模型有著名的 USLE 及其修正版 RUSLE；物理模型主要有 GUEST、LISEM、EUROSEM 和 WEPP 等。

1.2.1 经验统计模型和概念性模型的研究

20 世纪 40—60 年代，是经验模型从建立到成熟的时期。1947 年 Musgrave 综合分析了降雨、坡度、坡长、土壤可蚀性以及植被对土壤侵蚀的影响，建立了 Musgrave 方程，这可以看作是最早的土壤侵蚀预报模型（Musgrave，1947）。在接下来的30年，径流小区观测资料不断积累，获取和保存数据的设备稳定发展，统计分析工具也在不断进步。1965年美国农业部正式发布了通用土壤流失方程（USLE），将其作为指导土地利用和水土保持规划的重要技术工具。没有一个模型是真正通用的，经验统计模型的建立基于一定条件下进行实验得到的数据，模型必须应用在该情况之下。即使是基于过程的模型也需要根据应用流域进行参数率定，所以不同国家的研究者根据其研究流域建立了很多不同的侵蚀模型。Young 等（1989）建立的次降雨非点源污染模型 AGNPS 将流域划分为若干网格单元进行流量及侵蚀量的计算，并包括对养分流失的预测。Arnold 等（1990）建立的 SWRRB 模型以日为时段预报流域管理对水沙的影响。另外，SWAT 模型（J R Williams，1999）是以 SWRRB 模型为基础，结合 GIS 建立的考虑汇水汇沙的土壤侵蚀模型。CREAMS 模型（Chemical、Runoff and Erosion from Agricultural Management Systems），在1980年由 USDA 推出。该模型用来评价田间尺度多种耕作措施下侵蚀和水质状况。通常用于小于0.4km^2的流域，最大不超过4km^2。模型由3个功能模块组成，即水文模块、侵蚀或泥沙模块和化学污染物模块。在流域内认为土壤、地质、土地利用等方面的特性相对均一，并以此为基准进行流域土壤侵蚀的预报。

我国土壤侵蚀的定量研究最早开始于黄土高原，全国第一个水土保持试验站于1944年建于黄土高原的甘肃省天水。1953年，刘善建最先利用该站的观测资料建立了计算坡面土壤侵蚀量的公式（刘善建，1953）。20世纪80年代开始，我国学者开始尝试应用美国通用土壤流失方程，主要集中在不同影响因子的计算上。牟金泽等在1983年建立了土壤流失方程中各因子的计算公式。李建牢在1987年研究了罗玉沟流域的土壤可蚀性，之后又以罗玉沟典型小流域为研究对象，调查和统计了土壤侵蚀各因子值，应用 USLE 模型计算流域的土壤侵蚀量（1989）。王万忠等（1984）、贾志军等（1986）和张宪奎等（1992）研究了降雨侵蚀力因子。于东升等（1998）研究了不同土地利用方式下的作物覆盖与管理因子值。金争平等（1991）在黄河皇甫川流域通过调查分析包括地形、土壤和植被等共17个因子的72组数据建立了土壤侵蚀方程，其中植被覆盖度因子对侵蚀的影响最显著。江忠善（1980）建立了基于流域坡降、土壤可蚀性因子和植被因子与流域产沙的关系式，该模型是根据黄土高原的小流域资料建立的，模型的移植应用受到资料范围的限制。此外，孙立达等（1998）、周伏建等（1995）也根据土壤侵蚀的影响因子建立了经验土壤侵蚀模型。刘宝元等（2001）建立了中国土壤流失方程，借鉴美国通用土壤流失方程，结合中国的实际状况对模型中的因子重新量化和统计分析得到。经验模型多是根据研究流域的实验观测资料采用回归分析方法建立侵蚀量与各影响因子的关系，其应用受到资料收集范围的限制，给模型的移植应用带来了限制。

1.2.2 物理成因模型研究

20 世纪 80 年代，机理模型研究兴起，到目前为止仍然是土壤侵蚀的研究热点。美国在 1980 年就建立了 ANSWERS 模型（A real Nopoint Source Watershed Environment Simulation，流域环境非点源响应模型）。它是一个模拟分析农业地区雨后及降雨期间流域水文特征的分布式模型，可以计算径流传输条件下的土壤流失，与栅格 GIS 连接并利用遥感数据，其新开发的 ANSWERS－2000 版本在原来模型基础上进行了改进，可进行连续模拟，用 Green－Ampt 入渗公式代替了原模型中的 Holtan 方程，地表径流采用连续方程和曼宁公式进行计算，土壤侵蚀计算用 WEPP 中的产沙理论。1986 年美国农业部水土保持局组织的 10 年研究项目 WEPP（Water Erosion Prediction Project，水蚀预报项目）（Laflen 等，1991），在 1995 年发布了第一个官方正式版本 WEPP95，这是迄今为止最复杂的一个机理模型，模型基于天气发生器、入渗理论、水文、土壤物理、植被和土壤侵蚀机理建立，模型最大的优点在于可以预测整个坡面或者坡面上任何一点土壤侵蚀的时间分布（日、月和年平均）。1995 年荷兰 De Roo 建立的 LISEM（Limburg Soil Erosion Model）（De Roo 等，1995）是最先将 GIS 与模型完全集成的模型之一，该模型完全采用 GIS 的命令结构，径流和侵蚀量均以栅格的形式表示。1998 年的欧洲土壤侵蚀模型 EUROSEM（the European Soil Erosion Model）（Morgan 等，1998）是一个基于次降雨的过程模型，是首个采用动态的连续方程计算侵蚀的模型，分雨滴击溅侵蚀和径流分离两部分进行侵蚀计算，径流分离又分为细沟和细沟间侵蚀；模型考虑了植被截留对降雨动能的影响。

从 20 世纪 90 年代开始，我国也有学者尝试建立过程模型。国内这方面的研究主要集中在黄土高原丘陵沟壑区。蔡强国等（1996）建立了黄土丘陵沟壑区小流域次降雨侵蚀产沙模型，模型分为坡面、沟坡和沟道三部分，考虑了降雨入渗、径流分散、重力侵蚀、洞穴侵蚀和泥沙输移等侵蚀过程。汤立群等（1990）根据黄土丘陵区小流域地形地貌特点，将流域概化为两边对称的“打开的书”，分梁峁坡、沟谷坡和沟道，并根据每个区主要的土壤侵蚀方式和泥沙运动特性分别采用不同的产沙率公式计算侵蚀量。包为民等（1994）根据黄河中游、北方干旱地区流域的超渗产流水文特征和冬季积雪的累积及融化机制，考虑大流域气候、下垫面因素空间的不均匀性和雨洪径流产沙与融雪径流产沙间的差异，提出了中大流域水流模拟模型，结合黄土地区小流域坡面产沙、汇沙和沟蚀产沙与汇沙计算公式，构成了中大流域水沙耦合模拟物理概念模型。此外，还有很多学者根据黄土高原的地貌及侵蚀特点建立了小流域土壤侵蚀模型，如史景汉等（1989）、谢树楠等（1993）、汤立群等（1996）、白清俊（2000）和王国庆等（2001）等。贾媛媛等（2005）建立了基于DEM的黄土高原小流域分布式水蚀预报模型，该模型由水文模块和侵蚀模块两部分组成，侵蚀模块考虑了雨滴击溅分离、坡面薄层水流、细沟流、浅沟流和沟道剥离与沉积等基本过程。总结发现，理论模型大多用圣维南方程进行坡面流的计算，用泥沙运动力学考虑泥沙的侵蚀、输移和沉积过程，在模型推导过程中通过简化和抽象化处理模拟不同形式的侵蚀过程和预报土壤侵蚀模型在时空上的变化。

常用土壤侵蚀模型的特征见表1-1，常用土壤模型的输入、输出及原理见表1-2。

1.2.3 土壤侵蚀模型特点总结

1. WEPP（Bulygin，2001）

WEPP（Water Erosion Prediction Project）研究项目始于1985年，历时10年，是美国农业部（USDA）下属的农业研究服务署（ARS）、自然资源保护署（NRCS）、森林署（FS）、土地管理局（LMA）4个单位共同开发的模型系统。该模型是描述土壤水蚀物理过程的美国新一代水蚀预报模型，以天气发生器、入渗理论、水文学、土壤物理、作物科学、水力学和侵蚀力学为基础，将流域分为坡面、渠道和拦蓄设施，可以较好地反映坡面侵蚀产沙时空分布。

模型以日为步长也可以模拟次降雨，适用于田间尺度260hm^2、林地800hm^{2}的范围。水文过程采用Green-Ampt公式计算入渗量，SCS曲线法作为备选方法计算径流量，侵蚀过程考虑了泥沙的分离、搬运和沉积；将地表径流分为细沟流和细沟间径流，建立了独立的细沟间侵蚀模型和细沟侵蚀模型，挟沙力作为水流剪切力的函数采用简化的输沙公式计算，泥沙沉积的计算根据挟沙力与输沙率之间的平衡原理进行。考虑的因素主要有气象（降雨、温度、太阳辐射、风速、降雪量和融雪量）、灌溉制度、水文（入渗、填洼和径流）、土壤条件、作物生长、残余物管理与分解、耕作对入渗和土壤可蚀性的影响、侵蚀（片蚀、细沟侵蚀）、颗粒分选与富集等。输出结果包含径流和侵蚀的主要信息，包括坡面土壤流失量和平均泥沙沉积量、泥沙输移量、受冲刷和被搬运泥沙颗粒的粒径分布以及特殊地段的泥沙沉积量。

WEPP是迄今为止描述与水蚀相关参数最多的土壤侵蚀模型。与传统的侵蚀模型相比，WEPP模型具有很多优点：①可模拟土壤侵蚀过程及流域的某些自然过程，如气候、入渗、植物蒸腾、土壤蒸发、土壤结构变化和泥沙沉积等；②可模拟不同地形、土壤、耕作措施、作物、土地利用及管理措施等对

表 1-1　常用土壤侵蚀模型的特征

模型名称	模型类型	应用范围	时间分辨率	空间分辨率	区分细沟/细沟间侵蚀	单次暴雨/连续	参考文献
USLE 和 RUSLE	经验模型	坡面	年土壤流失量 暴雨侵蚀量	否	否	—	Wischmeier 和 Smith，1978；Renard 等，1994
SWAT	概念模型	水文响应单元	年土壤流失量	分布式（一维）	否	连续	Williams 等，1999
AGNPS	概念模型	网格	暴雨侵蚀量	分布式（一维）	否	单次暴雨	Young 等，1989
ANSWERS	概念模型	流域	分布式	分布式（二维）	否	单次暴雨 连续模拟	Beasley 等，1980
CREAMS	概念模型	田块	暴雨侵蚀量	否	是	单次暴雨 连续模拟	Knisel，1990
EPIC	概念模型	坡面	年土壤流失量 暴雨侵蚀量	否	否	单次暴雨 连续模拟	Williams 等，1984
LISEM	物理模型	网格	暴雨侵蚀量	分布式（一维）	是	单次暴雨	De Roo，1996
GUEST	物理模型	平滑地面 如均一坡度	分布式	分布式（一维）	否	单次暴雨	Rose 等，1983a、b
WEPP	物理模型	坡面和流域	分布式	分布式（一维）	是	连续 次暴雨	Nearing 等，1989
EUROSEM/KINEROS	物理模型	田块和子流域	分布式	分布式（二维）	是	单次暴雨	Morgan 等，1995
EUROSEM/MIKE SHE	物理模型	坡面和小流域	分布式	分布式（二维）	是	连续	DHI，1993
SHESED-UK	物理模型	小子流域	分布式	分布式（二维）	否	连续	Wicks 等，1992

表 1-2 常用土壤侵蚀模型的输入、输出及原理

模型	输入	输出	原理
SWAT	土地利用、土壤类型、气象、地形等资料	流域出口的洪峰流量、泥沙量	以日为步长，将流域划分为水文响应单元，在每个单元用概念性模型，水文过程（SCS曲线法）、渗透、侧向流（动态存储模型）、地下水运动（浅层含水层）、蒸/散发、融雪、径流输移损失、池塘蓄水、气温和太阳辐射、分速和相对湿度、侵蚀计算（RUSLE法）
AGNPS	流域的（流域识别、单元面积、总单元数、降雨、能量值）、单元的（单元号、流入的单元号、SCS曲线数、平均坡度、沟道的曼宁系数、平均坡长、土壤可蚀性因子、管理因子、作物因子、表面状况常数、土壤质地、肥沃水平、剩余养分、点源输入、切沟侵蚀的量、水池位置、沟道位置）	水力输出（径流量、洪峰流量、单元内的径流量）、泥沙输出（侵蚀量、起动量、沉积量、颗粒分布、单元内的侵蚀量、粒径所占比例、粒径所占输移比例）、化学物输出	由栅格采集模型参数，次降雨模型，径流用SCS曲线法，产沙用USLE计算，氮、磷和COD负荷
ANSWERS	降雨（降雨量、雨强、历时），土壤（前期含水量，入渗、排水响应-特性曲线）、土地利用与地表信息，沟道说明，单个元素信息（位置、地形、土壤、土地利用与最佳管理措施）	输入资料的重复，流域特征，流域出口水流与泥沙信息，每一单元的网格迁移泥沙量或沉积，沟道沉积	适用于缓坡，网格法，水文过程考虑截流、入渗（Holtan方程）、地表径流和蒸发，侵蚀模型考虑雨滴击溅、冲蚀和沉积，侵蚀用USLE以及氮、磷元素的运移过程
CREAMS	降雨、水文参数、侵蚀参数、化合物参数文件	径流量、泥沙量，氮、磷和农药的流失量	适用于$5hm^2$左右的小流域（土地利用状况单一，土壤均质，降雨均匀），径流计算用SCS曲线法和Green - Ampt入渗方程；侵蚀过程用USLE

续表

模型	输　入	输　出	原　理
EPIC	从土壤调查图和图表上选取参数，气候、水文、侵蚀和植被生长数据	径流量、侵蚀量	水文过程用SCS曲线法，侵蚀过程用USLE计算，只计算地形剖面上单一地点的侵蚀，不考虑输移和沉积
LISEM	降雨文件和雨量站分布图、土壤水模型表（模拟土壤中水的垂直运动）、土壤和土地利用图、地形图（PCRaster格式）、命令文件	一个包括降雨总量，径流量、峰值，土壤流失量，用于地块水位和泥沙的时间系列文件，土壤侵蚀和沉积图，地表径流图的总文件	适用面积1～100hm^2，将流域划分成10m×10m的单元格，截留、入渗（Richards方程、Holtan/Overton公式）、填洼、坡面流与沟道流（动力波方程的四点有限差分解法）、击溅分离（降雨动能）、输移能力（单位水能）、细沟侵蚀和细沟间侵蚀（同EUROSEM）、道路和压痕侵蚀、沟道侵蚀（曼宁糙率公式）
EUROSEM	降雨量、土地利用类型、地形、有效毛细管吸力、最大储水量、初始含水量	总径流量、总侵蚀量、径流水位和泥沙量图	适用于以缓坡为主的小流域或者单独地块，将流域分为有相应边坡的不同沟道单元，以分钟为时段模拟次降雨，植被截留（截留量、茎干流和叶面滴溅）、入渗（Smith and Parlange方程）、填洼计算、地表径流（曼宁公式和连续方程）、雨滴击溅侵蚀（降雨动能），径流分离侵蚀（动态质量守恒方程的数值解）
WEPP	气象（降雨、温度、太阳辐射和风速）、土壤、地形和土地利用等	径流量，泥沙量	适用于田块尺度260hm^2，林地800hm^2，气候模型，水文过程（Green-Ampt方程、SCS曲线法），侵蚀与沉积过程（分离、搬运、沉积）（细沟侵蚀和细沟间侵蚀），植物生长与残余过程，水的利用等
GUSET	降雨分离系数、沟蚀系数、泥沙聚集、泥沙沉积速率、沟蚀速率、沟间侵蚀速率、重力加速度、坡长、单宽流量	泥沙量	径流采用流速乘以面积等于流量公式，侵蚀考虑降雨分离、泥沙沉积、泥沙输移速率

侵蚀的影响；③可以模拟土壤侵蚀的时空变异规律，模型的外延性好，易于在其他区域应用；④可以预测泥沙在坡地以及流域中的运移状态，能很好地反映侵蚀产沙的时空分布；⑤GeoWEPP模型基于ArcView，与GIS结合后可以方便地处理地形数据。

模型的不足之处在于：作为侵蚀产沙基础的方程式是稳态的，认为侵蚀是持续一段时间内的恒定过程，时段长按总径流量除以洪峰流量得到，水力参数用洪峰流量计算，而实际上侵蚀过程是一个不断变化的瞬态过程；只能用于细沟、细沟间和浅沟侵蚀预报，不能用于切沟、河道侵蚀和沟蚀，特别是重力侵蚀及坡面和沟道内泥沙的沉积和再搬运过程均予以忽视，或仅作简化处理。由于WEPP模型涉及众多的子模型和参数，因此模型的实用性受到限制。

2. SWAT（Williams等，1999）

SWAT（Soil and Water Assessment Tool）是美国农业部农业研究所在SWRRB模型（Williams，1985；Arnold，1990）基础上发展起来的以日为时间步长、可进行连续长时段模拟的流域分布式水文模型。它能够利用GIS和RS提供的空间数据信息，模拟具有多种土壤类型和土地利用方式的复杂大流域中多种不同的水文物理过程，包括水、沙、化学物质和杀虫剂的输移与转化过程。SWAT采用先进的模块化设计思路，由3个部分组成，包括子流域水文循环过程、河道径流演算、水库水量平衡和径流演算及模拟过程。

模型将流域根据地面覆盖、土壤类型、管理措施等的一致性划分为不同的水文响应单元，在每个单元用概念性模型计算水分循环及产沙等过程，水文过程采用SCS曲线数法计算径流量，侵蚀模块采用RUSLE方程计算侵蚀量。模型考虑了降雨的垂直入渗和侧向渗透、地下水的运动、蒸散发以及径流的输移损失等方面。模型需要的输入数据主要有：①流域的数字高程模型（DEM）；②土地利用数据；③土壤数据；④气象数据，包括日降雨资料、日最高最低气温、风速、日辐射量、相对湿度、气温站位置高程、雨量站位置高程等；⑤农业管理措施和水库、湖泊位置，如出流点等。

模型的优点表现在其建模技术上，SWAT采用先进的模块化设计思路，水循环的每一个环节对应一个子模块，十分方便模型的扩展和应用；在运行方式上，模型采用独特的命令代码控制方式，用来控制水流在子流域间和河网中的演进过程。同时它采用SCS模型进行产流计算，适用于无资料地区；对大流域采用易获得的输入数据，计算效率较高；模型可以连续模拟，能够模拟长期土地利用管理变化对产流产沙的影响。此外，模型与ARCVIEW结合集成地形处理模块，方便空间分布信息的预处理和后处理，可以进行模拟结果的分布式演示；可以模拟分布式参数变化所带来的影响。

模型的不足之处表现在：采用了国外先进的概念性或经验性公式来描述不同的水文过程，可能出现经验公式在实际应用效果不好或模拟精度不高的问题。模型参数包括驱动所需的站点气象参数、土壤属性数据以及土地利用实时变化等数据，这些数据观测不全或难以获取，大大地限制了模型的推广和使用。模型输入参数如气象数据、土地覆盖变化及水文响应单元子流域划分对模型的水文模拟精度存在较大的影响，因此参数校准和验证是影响模型模拟精度的重要因素。

从模型在中国应用的角度出发，针对模型土壤数据库与我国参数资料不一致的问题，它在我国的应用过程中还存在一些问题，主要有以下几个方面。

（1）SWAT 模型是针对北美的土壤、植被和流域水文结构来设计的，模型自带的土壤数据库和国内的土壤分类不同，土壤编码和名称差别也较大。

（2）模型的土地利用数据库是根据北美的植被类型分类，已经细分到植被的种类，与我国的土地利用分为六大类（耕地、林地、草地、水域、建设用地和未利用土地）不一致，我国的土地利用数据不能直接利用，需要修改甚至需要实地观测采样，根据遥感影像重新解译等，工作量较重。

（3）气象模拟误差。由于我国气象站点的不均匀性和观测资料不完整等原因，需要用模型的气象发生器自动补充缺失资料，而 SWAT2000 气象模拟器利用数理统计原理和随机噪声矩阵，根据气温和太阳辐射的月平均值和标准差等补充缺失数据，随机矩阵的动荡性会造成数据不合理。

3. LISEM（De Roo 等，1996）

20 世纪 90 年代初，荷兰学者开发了次降雨土壤侵蚀预报模型——LISEM (LImburg Soil Erosion Model)。该模型是最早完全与栅格 GIS 集成的物理模型。这种集成方便了模型在大流域的应用，避免了模型输出结果与 GIS 的交互转变，方便用户使用。该模型与其他侵蚀模型的另一个显著的不同之处在于，考虑了拖拉机轮子压痕和田间小路对水文和侵蚀过程的影响。

LISEM 模型适用面积为 1～100hm^2，水文过程考虑了植被截留降雨、入渗（采用 Richards 方程计算，Holtan 公式作为无土壤图时的备选方法）、填洼、汇流（用动力波方程计算）；侵蚀部分考虑了击溅侵蚀、细沟间侵蚀和细沟侵蚀、道路和压痕侵蚀以及沟道侵蚀。需要的参数有植被覆盖、叶面积指数、作物高度、随机糙度、土壤团粒水稳性、土壤表面团聚力、土壤含水量和表土结皮类型。模型输出流域出口和子流域出口每一步计算的径流量和泥沙量结果及流域各象元的侵蚀量和沉积量，用于表达侵蚀和沉积的空间分布。

LISEM 模型具有以下优点：

（1）较多地应用了基于物理过程的数学关系，细化了对侵蚀过程的描述，如溅蚀和沟蚀、填洼等。

（2）所有的输入参数都可以在野外或实验室测定，如团粒稳定性、土壤剪切力、叶面积指数等。

（3）模型程序原码的编写方式允许采用新的关系式。

（4）模型与栅格GIS完全集成，并可直接利用动态遥感数据，便于研究侵蚀的时空分布，地块属性数据用分布式数据库管理，分析结果以地图形式输出显示更直观，如土壤侵蚀图、地表径流量。

模型存在以下问题尚待改进：

（1）对数据需求量很大。模型将流域划分为10m×10m像元，对每个像元各取30多个参数，模型输入需要至少24层数据。

（2）保留了一部分统计模型，如输沙力方程，这些方程可以发展为物理模型，但所需数据将急剧增加。

（3）个别过程没有考虑，如土壤水的侧向流动及再分布、细沟网络、道路压痕中的水流对沟道发生的影响等。

4. EUROSEM（Morgan等，1998）

欧洲土壤侵蚀模型EUROSEM（European Soil Erosion Model）属于动态分布式模型，基于对土壤侵蚀过程的物理描述，并以分钟为时段模拟次降雨条件下地块或小流域侵蚀过程。该模型在欧洲取代了USLE形式的统计方程，它主要涉及植物对降雨的截留、到达地表的降雨总量和动能、植被茎干流总量、由雨滴打击和径流冲刷引起的土壤分散量、泥沙沉积和径流搬运能力，并对径流和地表之间的土壤颗粒交换进行连续动态模拟。模型正确地模拟了细沟流和细沟间流，并用产沙量来表示土壤流失。当在流域尺度内运行时，模型将流域分为有相应边坡的不同沟道单元，而边坡则进一步被分为土壤、土地利用和坡形特征相对一致的面或者单元。模型中入渗用Smith方程，地表径流用连续方程和曼宁公式计算，击溅侵蚀考虑了降雨动能，细沟侵蚀和细沟间侵蚀采用动态质量守恒方程的数值解，输移能力用基于500场试验得出的回归关系计算。需要输入的参数包括降雨量、土地利用类型、地形、有效毛细管吸力、最大储水量和初始含水量等，输出结果包括总径流量、总侵蚀量以及降雨的径流过程线和侵蚀产沙过程线等。

模型的优点在于充分考虑了植被覆盖对于降雨量的截留、降雨动能、入渗和径流流速的影响，砾石覆盖对土壤入渗速率、径流流速和雨滴击溅侵蚀的影响；采用连续方程考虑了土壤侵蚀的时空动态分布；分别计算土壤侵蚀和不平衡输沙过程；尽可能多地考虑了当时已知的水沙过程；基于大量的试验数据得到挟沙力的计算公式。

模型的问题在于以下几点：

（1）对侵蚀过程的描述有待改进，以土壤的内在理化性质为指标用数学方法进行定量描述，以增加模型的通用性。

(2) 模型不能显示土壤侵蚀的空间分布，需要将模型与GIS集成，来描述土壤侵蚀在流域内的分布和空间变化。

(3) 模型用满足植被截留后的净雨的动能计算雨滴击溅，植被高度的获取工作量很大。

总结现有被广泛应用的模型不难发现，概念模型的水文模块多应用SCS曲线数方法进行产流计算，侵蚀模块多采用USLE方法计算。USLE模型以降雨特征、土壤可蚀性、地形、农业管理措施及植被覆盖等因子计算年和场次降雨的侵蚀量，该模型因形式简单被广泛应用，但无法预测侵蚀发生的时空变化。物理模型的水文模块多采用Green-Ampt入渗公式计算，并用SCS曲线数方法作为无资料地区径流计算的备选方法，侵蚀模块多根据质量守恒和能量守恒等原理，利用河流泥沙动力学的相关公式进行计算。侵蚀计算多采用基于过程的土壤侵蚀公式，根据径流对地表土壤的作用采用具有较强物理机制的模型。现阶段存在的问题是细沟形态的确定、细沟间距判断及细沟内水力参数的确定等。不同地区其地形和土壤性质不同，侵蚀规律也存在差异，这对于土壤侵蚀工作者提出了很高的要求，侵蚀模型的应用必须是根据研究区域的特点开发或选用适于当地特点的模型。

1.2.4 土壤侵蚀模型与GIS的耦合

GIS与侵蚀模型的结合主要有3种方式，即松散结合、交互界面结合和完全结合。松散结合主要指模型与GIS是各自独立开发的情况。首先用GIS对空间数据进行查询和预处理，然后按模型所需的格式将数据输入模型，最后将模型计算结果再转为GIS文件格式，进行显示和分析。松散结合的优点是无须改变模型的代码；不足之处是有大量的数据管理和转换工作。交互方式是开发一个交互界面，为模型提供输入数据，以及对模型计算结果进行处理和演示，所有数据转换通过交互界面自动进行。此类结合实例最多，以美国普度大学集成GRASS与ANSWERS和AGNPS模型的工作最为典型。交互界面方式的优点是提供了模型与GIS平台的接口，通过共享数据库或者数据文件交换的方式进行连接，方便了二者之间的数据交换工作，但在编程和数据管理上投资较大，用户修改或重写模型也困难。完全结合是将简单的GIS嵌入到复杂的模型系统中以提供结果显示和交互控制处理功能，如Topmodel、MIKE SHE和GMS等，或者是采用现有商业GIS平台软件，利用其二次开发语言，通过调用其功能函数或把功能函数进行组合，使模型和GIS集成在一个系统中，共享同一个数据库，完成空间数据和属性数据的输入、查询、统计、显示和输出等功能，实现模型的运算，常见的模块有Basin、Watershed等。一般情况下，GIS在后台运行，但模拟模型可充分利用GIS的空间数据和属性数据处理功能，实现水流动态的实时模拟和演示。当模型对GIS的功能要求不多时通常采用前一种镶嵌方法。而用GIS开发语言编写模型的方式具有系统简单、快捷，功能强大；不足之处是其运行不能脱离开发平台，推广应用受到限制（马修军等，1998；郑粉莉等，2008）。

参 考 文 献

[1] 景可，王万忠，郑粉莉. 中国土壤侵蚀与环境 [M]. 北京：科学出版社，2005.

[2] 陈赞廷，李若宏，许才华. 黄河流域的水文预报方案 [J]. 人民黄河，1988 (6)：14-18.

[3] 郑粉莉，王占礼，杨勤科. 我国水蚀预报模型研究的现状、挑战与任务 [J]. 中国水土保持科学，2005，3 (1)：7-14.

[4] Musgrave G W. The quantitative Evaluation of factors in water erosion - a first approximation [J]. J. Soil and Water Conservation，1947，2 (3)：133-138.

[5] Young R A，Onstad C A，Bosch D D，et al. AGNPS：A Nonpoint Source Pollution Model for Evaluating Agricultural Watersheds [J]. Soil and Water Conservation Society，1989，44 (2)：168-173.

[6] J R Williams，Neitsch S L，Arnold J G. Soil and Water Assessment Tool User's Manual [M]. Texas：Black land Research Center，Texas Agricultural Experiment Station，1999.

[7] Arnold J G，P M Allen，and G Bernahardt. A comprehensive surface groundwater flow model [J]. Journal of Hydrology，1993，142：47-69.

[8] Knisel W G. CREAMS：A Field Scale Model for Chemicals. Runoff and Erosions from Agricultural Management Systems [M]. USDA Conservation Research Report No. 26.

[9] 刘善建. 水文分析与经验公式 [J]. 新黄河，1953，4：52-55.

[10] 牟金泽，孟庆枚. 陕北部分中小流域输沙量计算 [J]. 人民黄河，1983 (4)：35-37.

[11] 李建牢，刘世德. 罗玉沟流域土壤可蚀性分析 [J]. 中国水土保持，1987 (11)：34-37.

[12] 李建牢，刘世德. 罗玉沟流域坡面土壤侵蚀量的测算 [J]. 中国水土保持，1989，(3)：28-31.

[13] 王万忠. 黄土地区降雨特性与土壤流失关系的研究 [J]. 水土保持通报，1984，4 (2)：58-63.

[14] 贾志军. 晋西黄土丘陵降雨侵蚀力R指标的确定 [J]. 中国水土保持，1986 (6)：17-19.

[15] 张宪奎，许靖华，卢秀琴，等. 黑龙江省土壤流失方程的研究 [J]. 水土保持通报，1992，2003，17 (3)：21-24.

[16] 于东升，史学正，吕喜玺. 低丘红壤区不同土地利用方式C值及可持续性评价 [J]. 水土保持学报，1998 (1)：71-76.

[17] 张宪奎. 黑龙江省土壤流失预报方程中R指标的研究 [A]. 水土保持科学理论与实践 [M]. 北京：林业出版社，1992.

[18] 于东升，史学正，吕喜玺. 低丘红壤区不同土地利用方式C值及可持续性评价 [J]. 水土保持学报，1998 (1)：71-76.

[19] 金争平，赵焕勋，和泰，等. 皇甫川区小流域土壤侵蚀量预报方程研究 [J]. 水土保持学报，1991，5 (1)：8-18.

[20] 江忠善，宋文经. 黄河中游黄土丘陵沟壑区小流域产沙量计算 [C]. 第一次河流泥沙国际学术讨论会文集，北京：光华出版社，1980：63-72.

[21] 孙立达，孙保平，陈禹，等. 西吉县黄土丘陵沟壑区小流域土壤流失量预报方程 [J]. 自然资源学报，1988，3 (2)：141-153.

[22] 周伏建，陈明华，林福兴，等. 福建省土壤流失预报研究 [J]. 水土保持学报，1995，9 (1)：25-30，36.

[23] 刘宝元，谢云，张科利. 土壤侵蚀预报模型 [M]. 北京：中国科学技术出版社，2001.

[24] Laflen J M，Lane L J，Foster G R. WEPP - A new generation of erosion prediction technology [J]. Journal of Soil and Water Conservation，1991，46 (1)：34-38.

[25] De Roo A P J，Wesseling C G，Ritsema C J. LISEM：A single - event physically based hydrological and soil erosion model for drainage basins. I：Theory，Input and Output [J]. Hydrological Processes. 1996，10：1107-1 117.

[26] Morgan R P C，Quinton J N，Smith R E，et al. The European Soil Erosion Model (EUROSEM)：A dynamic approach for predicting sediment transport from field and small catchments [J]. Earth Surface Processes and Landforms，1998，23 (6)：527-544.

[27] 蔡强国，陆兆熊，王贵平. 黄土丘陵沟壑区典型小流域侵蚀产沙过程模型 [J]. 地理学报，1996，51 (2)：108-117.

[28] 汤立群，陈国祥，蔡名扬. 黄土丘陵区小流域产沙数学模型 [J]. 河海大学学报，1990，18 (6)：10-16.

[29] 包为民，陈耀庭. 中大流域水沙耦合模拟物理概念模型 [J]. 水科学进展，1994，5 (4)：287-293.

[30] 史景汉，郝建忠，熊运阜等. 黄丘一副区小流域暴雨洪水输沙过程预报模型 [J]. 中国水土保持，1989，1：32-37.

[31] 谢树楠，张仁，王孟楼. 黄河中游黄土丘陵沟壑区暴雨产沙模型研究 [A]. 黄河水沙变化研究论文集，黄河水沙变化基金会，1993，5：238-274.

[32] 汤立群. 流域产沙模型的研究 [J]. 水科学进展. 1996，7 (1)：47-53.

[33] 白清俊. 黄土坡面细沟侵蚀带产流产沙模型研究 [J]. 水土保持学报，2000，14 (1)：93-96.

[34] 王国庆，陈江南，李皓冰. 暴雨产流产沙模型及其在黄土高原典型支流的应用 [J]. 水土保持学报，2001，15 (6)：40-42.

[35] 贾媛媛，郑粉莉，杨勤科. 黄土高原小流域分布式水蚀预报模型 [J]. 水利学报，2005，36 (3)：328-332.

[36] Wischmeier W H，Smith D D. Predicting rainfall erosion losses - aguide to conservation planning. U. S. Department of Agriculture，Agriculture Handbook No. 537. 1978.

[37] Renard K G，Foster G R，Weesies G A，et al. RUSLE - Revised Universal Soil Loss Equation [J]. Journal of Soil and Water Conservation，1994，46 (1)：30-33.

[38] Beasley D B, Huggins L F, Monke E J. ANSWERS: A model for watershed planning [J]. Trans. of the ASAE, 1980, 23 (4): 938-944.

[39] Knisel W G. CREAMS: A Field Scale Model for Chemicals. Runoff and Erosions from Agricultural Management Systems [M]. USDA Conservation Research Report No. 26. 1990.

[40] Williams J R, Jones C A, Dyke P T. A modeling approach to determining the relationship between erosion and soil productivity [J]. Trans. ASAE 1984, 27: 129-144.

[41] Rose C W, Williams J R, Sander G C, Barry D A. A mathematical model of soil erosion and deposition processes. I: Theory for a plane land element [J]. Soil Sci. Soc. Am. J., 1983, 47: 991-995.

[42] Rose C W, Williams J R, Sander G C, Barry D A. A Mathematical Model of Soil Erosion and Deposition Processes: II. Application to Data from an Arid-Zone Catchment [J]. Soil Sci. Soc. Am. J., 1983, 47: 996-1000.

[43] Nearing M A, Foster G R, Lane L J. A process-based soil erosion model for USDA-water erosion prediction project technology [J]. Trans. of ASAE, 1989, 32 (5): 1587-1593.

[44] DHI MIKESHE WM. Short Description [M]. 1993.

[45] Bulygin S Y. Challenges and approaches for WEPP interrill erodibility measurements in the Ukranie [A]. Proceeding of soil erosion for the 21st century international symposium [C]. Honolulu, Hawaii, ASAE, St Joseph, MI, USA, 2001, 506-509.

[46] 马修军，谢昆青. GIS 环境下流域降雨侵蚀动态模拟研究——以 PCRaster 系统和 LISEM 模型为例 [J]. 环境科学进展，1998 年 10 月，7 (5): 137-145.

[47] 郑粉莉，江忠善，高学田. 水蚀过程与预报模型 [M]. 北京：科学出版社，2008.

第2章 东北黑土区土壤侵蚀特点分析

东北黑土区广义上是指有黑色表土层分布的区域。主要土类包括黑土、黑钙土、草甸土、白浆土、暗棕壤和棕壤，主要覆盖了黑、吉、辽三省和内蒙古东部4市（盟），涉及的面积有101万km^2。其中，黑龙江省45.25万km^2，吉林省18.7万km^2，辽宁省12.29万km^2，内蒙古东部25.61万km^2。狭义上是指以土类划分，主要包括黑土、黑钙土和草甸土。草甸土总是与黑土、黑钙土相伴分布，它们都因土壤表层富含有机质而呈黑色，这3种土壤的理化性质也基本相似，因此将黑土、黑钙土和草甸土集中连片的分布区统称为东北黑土区（典型黑土区）（刘宝元等，2008）。典型黑土区主要是指小兴安岭西南、张广才岭和长白山地西北的漫岗丘陵区，行政区域主要包括黑龙江和吉林两省，此外，在三江平原有小面积零星分布。由于东北黑土区独特的地理环境和土壤特性，其土壤侵蚀特点与其他地区有明显差异，总结该区土壤侵蚀的特点是建立模型的基础。该区土壤侵蚀类型包括水力侵蚀、冻融侵蚀、风力侵蚀和重力侵蚀。

2.1 东北黑土区自然状况

东北黑土区三面环山，西、北、东依次为大兴安岭、小兴安岭和长白山，松辽平原居于中部、三江平原与呼伦贝尔高原分布东西。地势大致由北向南、由东西向中部倾斜。区内主要河流被松花江、辽河水系，黑龙江、乌苏里江、绥芬河、图们江、鸭绿江等国际界河外围环绕。本区分布有松嫩平原、三江平原，大小兴安岭、长白山余脉及呼伦贝尔高原。松嫩平原位于大小兴安岭、长白山系的张广才岭、老爷岭及完达山的环抱中，松嫩平原两侧为冲积洪积台地，海拔250～500m，已被流水切割成漫岗和低丘。松辽平原较低，东部山地和西部的大兴安岭及蒙古高原地势较高。呼伦贝尔高平原位于大兴安岭以西，是蒙古高原的东北边缘。从黑土分布来看，东黑钙土区的地势最低，海拔小于 200m，黑土区其次，而西黑钙土区为最高。东黑钙土区的黑土区的海拔为 200～500m，西黑钙土区地势最高，海拔大于 500m，有一些地方已经超过 1000m。

东北黑土区地处我国东部季风气候区北段，气候类型从东往西依次是中温带湿润区、半湿润区、半干旱区，西北部大兴安岭地区属于寒温带湿润区。年平均气温变化为－4～10℃，最冷的 1 月平均气温从南向北变化在－6～－32℃间，最热的 7 月平均气温变化在 20～24℃间，气温年较差变化在 30～48℃间。气候特征主要是冬季寒冷漫长，夏季温暖湿润。年均降水量为 400～1200mm，时空分布不均，从东南向西北递减，6—9 月降水占全年的 70%～85%，辽宁省东部雨量最多。全区多年平均年降雨侵蚀力分布与降水量分布类似，由东向西减少，变化在 500～5000MJ·mm/(h·hm^2·a) 之间。植被类型以温带针阔混交林、温带草原植被、寒温带针叶林为主，林草覆盖率达 55.27%。主要树种有红松、油松、落叶松、樟子松、鱼鳞云杉、红皮云杉、水曲柳、白桦、椴树、黄菠萝、胡桃楸等，主要灌木有蒙古栎、山荆子、胡枝子、绣线菊、兴安杜鹃等；草本植物有修氏苔草、宽叶山蒿、冰草、草木犀、披碱草和羊草等。

地带性土壤主要有温带的黑土、黑钙土、暗棕壤、草甸土、栗钙土，寒温带的棕色针叶林土、山地苔原土。此外，还有局部的白浆土、沼泽土和水稻土等。土地利用类型以林地、耕地和草地为主，分别占总面积的 43.0%、26.5%和 18.7%。金长茂（1982）用^{14}C 测定黑土层底部的绝对年龄，研究得到黑土的形成时间已有 7500 年。杨永兴等（2003）测定三江平原沼泽土开始发育的时间为 8000 年前，两者的研究都表明东北地区土壤形成的时间在 7500～8000 年之间。根据熊毅等（1987）的研究表明，原始黑土厚度为 70～100cm，有机质含量为 6%～15%。根据黑土厚度和形成时间计算得出，黑土 100 年形成的厚度在 0.88～1.33cm 之间。但是人类活动破坏了原始黑土的地球化学过程与生物累积过程，尤其是土地开垦加剧了土壤侵蚀，破坏了黑土地的养分状况和物理化学环境，引起了土壤肥力下降和土地退化。孙继敏等（1999）的研究表明，东北黑土地的开垦经历了历史时期、新中国成立后与当前开垦时期，清末至民国时期的开垦是东北黑土荒漠化的转折点，新中国成立后大量草地和林地被开垦成为农田。

东北黑土区土壤侵蚀的主要外营力是降水和风，其中降水包括降雨和降雪，分别形成降雨侵蚀、融雪侵蚀和风力侵蚀。一年当中，融雪侵蚀主要发生在初春积雪融化时期，在 10 月至翌年 2 月的冬季降雪会随初春气温上升而融化，形成融雪径流产生侵蚀，降雨侵蚀主要发生在 5—9 月雨季，风力侵蚀主要发生在春季大风期间。东北黑土区冻融侵蚀主要分布在黑龙江，面积为

1.41 万 km^2，其北部季节性冻土区冻土深度在 2m 左右，最大冻土深度达 24～26m，土壤冻层完全融解需要 120～200 天，一般在 6 月下旬或 7 月初才能融通（唐蕴等，2005）。冻土层融解时已进入黑土区的雨季，土壤含水量高，遇降雨很容易形成地表径流，产生水土流失。

2.2 东北黑土区土壤侵蚀特点

根据第一次全国水利普查成果，从全国各省级行政区域看，内蒙古、黑龙江的土壤侵蚀面积较大，排在第二位和第八位，分别为 62.90 万 km^2、8.19 万 km^2，辽宁、吉林的土壤侵蚀面积分别为 4.40 万 km^2、3.47 万 km^2。按土壤侵蚀各级强度面积看，内蒙古各级强度侵蚀面积均排在全国第二位，轻度侵蚀面积位居全国第二位，面积为 30.12 万 km^2，辽宁、吉林、黑龙江三省的轻度侵蚀面积分别为 2.20 万 km^2、1.73 万 km^2、3.62 万 km^2。内蒙古、辽宁、吉林、黑龙江土壤侵蚀面积占省级行政区面积的比例分别为 52.43%、31.23%、25.38%和 18.76%。按土壤侵蚀类型来看，四省（自治区）水力侵蚀面积从大到小排列依次为内蒙古 10.24 万 km^2、黑龙江 7.33 万 km^2、辽宁 4.40 万 km^2、吉林 3.47 万 km^2；风力侵蚀面积从大到小依次为内蒙古 5.27 万 km^2、吉林 1.35 万 km^2、黑龙江 0.87 万 km^2、辽宁 0.19 万 km^2。

2.2.1 东北黑土区土壤侵蚀特点

分析黑土区土壤侵蚀的影响因素，主要包括气候、土壤质地、地形地貌、土地利用和人类活动等因素。

黑土区属于北温带半湿润大陆季风性气候，属于我国东部季风气候区北段，全区分为寒温带湿润气候，中温带湿润、半湿润和半干旱气候，南温带湿润和半湿润气候冬季寒冷干燥等 6 种气候类型，夏季高温多雨，多年平均降水量在 400～1200mm 之间，辽宁省东部雨量最多，年降水量超过 1000mm。降雨绝大部分集中在 4—9 月，其中 6—9 月的降雨占年降水的 80%。降水是东北黑土区的主要侵蚀营力，分别形成雨季的水力侵蚀和春季的融雪侵蚀。夏、秋季的暴雨强度大、历时长，容易造成超渗产流，当土壤缺水量得到满足后又转为蓄满产流造成流域的土壤侵蚀（范昊明等，2004；刘宪春等，2005）。全区多年平均年降雨侵蚀力分布与降水量分布规律相似，由东向西减少，变化在 500～5000MJ·mm/(h·hm^2·a) 之间。局部高值区分布在辽宁省东南部，降雨侵蚀力值变化在 4000～5300MJ·mm/(h·hm^2·a) 之间。低值区分布在大兴安岭以西地区，降雨侵蚀力值变化在 500～1000MJ·mm/(h·hm^2·a) 之间。其他地区的降雨侵蚀力值变化在 1000～2500MJ·mm/(h·hm^2·a) 之间。降雨侵蚀力全区分布特征一致，即自4月降雨侵蚀力开始增大，主体集中在6—9月，以7—8月降雨侵蚀力最为集中，一般占年降雨侵蚀力的60%以上。降雨的年内变化也是影响土壤侵蚀量的因素，在年降雨侵蚀力接近的情况下，土壤侵蚀量存在年际间的差异，主要是受次降雨侵蚀力、降雨次数及两次降雨间隔时间等影响。

黑土区受季风影响强烈，春季风多历时长，平均风速达5.1m/s；历年大于6级风日数平均为73天，干燥度为1.1～1.5。干旱加上该区地势平坦、耕地面积大、春季覆盖度低，为风蚀创造了条件。另外，黑土区在秋季翻地起垄，春季冻融，表层土壤疏松，导致该区春季风蚀强烈（范昊明等，2004；刘宪春等，2005)。黑土区日温差、年温差较大，全年降雪为年降水量的3.5%～7.9%，土层冻结深度达100～280cm，冻融交替明显，作用时间长。春季表层冰雪融化，解冻后的土壤疏松，抗蚀能力降低，而下层未融的土壤形成不透水层，产生地表径流造成土壤侵蚀。冻融侵蚀可使耕地中沟壑每年扩张50～100cm，加剧了侵蚀沟的发展，部分地区春季的融雪侵蚀占全年侵蚀总量的比例很大。

东北黑土区植被地带性分布规律比较明显，自东向西依次是落叶阔叶林、落叶阔叶及针叶混交林、针叶林、草原。河流两岸低洼地带、河漫滩及河湖湿地分布有大面积的非地带性草甸和水生植被。由于特殊的气候、地形及植被分布特点，发育的土壤同样具有很明显的地带性，区内自北向南和自东向西的主要土壤类型包括棕壤、褐土、暗棕壤、黑土、灰色森林土、黑钙土、栗钙土等。其中棕壤主要分布在南温带丘陵区，辽河及辽西平原以褐土为主。暗棕壤主要分布在中温带东北山地区和大兴安岭山地，黑土主要分布在松嫩平原东部向东部山地过渡的漫岗丘陵区，黑钙土主要分布在大兴安岭两侧的松嫩平原西部和呼伦贝尔草原东部。灰色森林土位于暗棕壤向黑钙土的过渡地区。松嫩平原、辽河平原及三江平原低洼地带和湿地发育有非地带性的草甸土和沼泽土。此外，在东北山地区的低山丘陵区，由于受季节性冻土层滞水影响，发育有大面积非地带性的白浆土。土壤有机质含量高是黑土的重要特性，黑土耕地表层土壤疏松，表层0～20 cm有机质含量较高，表层以下有深厚的腐殖质层。根据野外调查结果，黑土的成土母质主要为砂粒黏土层，质地黏重，透水性差，厚度在40cm左右（范昊明等，2004)。黑土表层疏松、母质层透水性差的特点造成夏季降雨产流时产生上层滞水的现象，引起土壤侵蚀（王金平等，1979)。土壤可蚀性空间分布规律表现为从东向西有递减趋势，变化在0～0.053t·hm^2·h/(hm^2·MJ·mm）之间。局部高值区分布在东北漫川漫岗土壤保持区向东部三江平原过渡地区，土壤类型主要是典型黑土、黑钙土和暗棕壤，土壤可蚀性值变化在0.035～0.053t·hm^2·h/(hm^2·MJ·mm）之间。

低值区分布在大兴安岭以西地区，土壤可蚀性值变化在 0.019～0.031t·hm²/(h·hm²·MJ·mm）之间。其他地区的土壤可蚀性值变化在 0.024～0.035t·hm²/(h·hm²·MJ·mm）之间。对于东北黑土区的典型黑土，其土壤可蚀性的空间变化不大。但是因为采取不同的水土保持措施和耕作器械等，导致土壤容重、持水能力和渗透速率发生变化。容重是反映土壤特征的重要指标，不同管理措施下的地块土壤容重差异较大，以草地和林地最低，低于 1.1g/cm³；梯田、地埂、深松、大垄和改垄地块次之，土壤容重在 1.1～1.2g/cm³之间，是因为实施水土保持措施时，利用大型机具深耕耙平土壤，再实施措施和改垄，疏松了土壤，降低了容重。部分免耕农地土壤容重最大，在 1.3～1.5g/cm³之间，对照农民常规耕作田容重高是由于长年采用小拖拉机耕作，且每年多次对垄沟碾压所致。土壤容重在整个土壤剖面中变化也很大。一般表层土壤容重较小，越往下土壤越黏重，容重越大。另外，土壤容重差异较大导致土壤孔隙度差异也较大，进而影响土壤田间持水量、饱和含水量和土壤渗透性。

典型黑土区地形多为波状起伏的漫岗，坡度大多小于 5°；坡长较长，一般在 1000m 左右。耕地面积所占比例较大，覆盖度低造成汇水面积大，侵蚀非常严重。漫长的缓坡和顺坡耕作为坡面水流的汇集创造了条件，汇集的股流冲刷地表造成黑土区沟壑侵蚀分布广泛。研究发现，坡向也会影响土壤侵蚀，南坡由于接受阳光时间长，含水量变化大造成侵蚀量也大（范昊明等，2004；刘宪春等，2005）。

在黑土区广阔的农田，特别是缓坡耕地，林草植被覆盖率很低，对黑土地的防护作用比较小，这也是加速土壤侵蚀的主要原因之一。根据刘宝元等(2008）研究结果，东北松嫩黑土区面积约 2080 万 hm²的区域，农地所占的比例很大，面积为 1727.40 万 hm²，农地面积占到 83.05%，由于农地覆盖度低和耕作措施的影响，水土流失严重，并出现了破皮黄现象。统计分析得到，水土流失主要来源于坡耕地，且主要集中在 0.5°～5°的坡耕地上，这部分耕地占黑土区耕地总面积的 56%。

重力侵蚀有多种类型，包括泻溜、滑坡、滑塌、泥石流等，在东北黑土区的重力侵蚀主要是指侵蚀沟的滑坡和崩塌。该区侵蚀沟密集，面积较大，一般沟长 100～200m，深 3～6m，沟的四周伴有滑坡、下切、崩塌、陷穴等诸多现象，重力侵蚀频繁。据统计，黑龙江省已形成大型侵蚀沟 16.11 万条，面积约 9.33 万 hm²，在丘陵漫岗水土流失严重地区每 1.67hm²，在山区、半山区每 20hm²耕地就有一条侵蚀沟（刘宪春等，2005）。

人类活动是土壤侵蚀的一大诱因，主要表现在过度的农业开垦、放牧和森林采伐活动以及不合理的耕作制度。黑土区多采用垄作制，根据垄向分为顺坡耕作、横坡耕作和斜坡耕作，受机械作业的限制，多数地区都采用顺坡或者斜坡耕作。顺坡起垄为径流汇集提供了条件，加速了土壤侵蚀；径流量和土壤侵蚀量一般遵从顺坡耕作较斜坡耕作和横坡耕作都大的规律，耕作方式加剧了黑土区土壤侵蚀（熊毅等，1987）。人类不合理的土地利用方式降低了黑土对于降雨、径流和风等自然侵蚀营力的抵抗力，造成人为加速土壤侵蚀。黑土区约71%的耕地是在近100年来开发的，目前已经能够看到大量切沟分布，约1/4的土地已经成为"破皮黄"，切沟是土壤水蚀的最严重阶段（刘宝元等，2008）。范昊明等（2004）研究得出，黑土区大面积的农业开垦与耕作是导致黑土流失的主要原因，黑土区独特的自然环境与人类活动方式已经使其成为目前中国土壤侵蚀潜在危险性最大的地区之一。同时，在人类活动的干预下，加速了某些自然因素对黑土侵蚀的影响，而且这种影响越来越明显。每年约有10%的降雨随地表径流流失，约有1000t/km^{2}的表土流失，年均黑土表土剥蚀率约为1mm。

2.2.2 东北黑土区土壤侵蚀特殊性

1. 坡耕地侵蚀占比较高

根据松辽流域国家级重点防治区水土流失动态监测结果，以及中国1∶10万比例尺土地利用现状遥感调查监测数据显示，东北黑土区国家级重点防治区中，林地面积最大，是该区域主要的土地利用类型，其次是草地。林草地面积占国土面积的比例为66.2%，耕地面积比例为26.9%，建设用地、水域及水利设施用地、交通运输用地等其他土地利用类型占比不超过7%。林草地中，高覆盖植被总面积的比例为75.5%，中高覆盖度植被面积比例为8.9%，中覆盖度植被面积比例为10%。可见，整个区域林草植被覆盖率非常高。耕地中，旱地比例为24.3%。整个区域水土流失面积比例为19.3%，水土流失主要来源于坡耕地。

东北黑土区耕地主要集中分布在两大区域：中部松嫩平原和辽河平原地区；东北的三江平原地区。松嫩平原区部分又集中在大兴安岭以东、小兴安岭—长白山地以西的漫川漫岗地区。此外，在东部长白山地区、大兴安岭东南、辽东和辽西丘陵区也是耕地较为集中区域。该区地形特点是坡缓、坡长，一般坡度在10°以下，大于15°的坡地不多，3°～7°坡度占绝大部分，坡长一般为500～2000m，最长达4000m。黑土土壤疏松、可蚀性大，非常容易产生水土流失。土壤侵蚀主要是受长期以来的过度垦殖、超载放牧、乱砍滥伐等不合理开发利用导致了严重的水土流失。但是，由于土壤侵蚀主要来源于坡耕地，尤其是有机质最为丰富的典型黑土所在区为漫川漫岗地形，坡度一般小于5°，土壤侵蚀发生发展过程相对缓慢，经常被忽视。坡耕地面积占耕地总面积的60%，且多数分布在3°～15°的坡面上，是水土流失策源地，黑土区坡耕地面积25.39万km²，占总耕地面积的67.9%。黑龙江耕地面积占东北黑土区耕地面积比例最高，为43.9%，其次是吉林省，为20.3%，辽宁省和内蒙古东四盟分别占16.7%和19.0%。从各省（区）耕地面积占其国土面积比例看，辽宁省高达42.1%，吉林省为39.8%，黑龙江省为35.0%，内蒙古东四盟为15.3%。东北黑土区耕地坡度多集中于0.25°，占耕地总面积的48.0%，其次为2°～5°和0.25°～1°，所占比例分别为15.5%和15.1%，坡度为25°以上耕地所占比例仅为0.1%。黑龙江省耕地坡度在0.25°以下的比例最大，为55.3%，2°以上的耕地比例为18.6%。吉林省耕地坡度在0.25°以下的比例为50.6%，其次为0.25°～1°和2°～5°，所占比例分别为18.5%和11.2%。辽宁省的耕地也多集中于0.25°以下，所占比例为44.0%，其次为2°～5°和0.25°～1°，所占比例分别为17.1%和12.7%。总体来看，四省（自治区）耕地均集中于2°以下，所占面积比例为59.45%～81.43%，其次是2°～5°和5°～8°，其中辽宁省和内蒙古东四盟2°以上坡耕地比例高于黑龙江和吉林两省。0.25°～5°的坡耕地是水土流失集中区域。

2. 侵蚀沟道分布广、数量多

东北黑土区坡缓、坡长，土壤疏松，抗蚀能力弱，尤其是坡耕地，极易产生水土流失。此外，东北黑土区地貌类型多样，山地、丘陵、台地、漫岗均有分布，山前台地和漫岗区地形特征与丘陵区大不相同，不同地貌类型的过渡为侵蚀沟的形成创造了有利条件。侵蚀沟是东北黑土区水土流失的集中表现。东北黑土区日益严重的侵蚀沟不断切割耕地，破坏黑土资源，减少耕地面积，影响机械化耕种，对国家粮食安全、防洪安全、生态安全以及当地经济社会的可持续发展和人民群众的生产生活带来多方面的影响。长期以来，东北黑土区一直沿用顺坡耕作的方式，地块因为经营比较分散，群众对于耕地中形成的浅沟一般只进行简单的平整，甚至不采取任何措施，在春季融雪或者遇强降雨时，浅沟侵蚀加剧，并逐渐发展成冲沟。冲沟形成后，部分群众考虑短期效益，在已形成的冲沟两侧继续耕作，导致冲沟进一步加剧。毁林开荒及乱砍滥伐造成漫川漫岗地区植被被严重破坏是浅沟形成的直接原因。坡面上部植被受到破坏，土壤蓄水能力下降，增大了坡面集流，坡面下部的坡耕地易产生沟蚀，且发展速度极快；坡面植被破坏，土壤涵水能力下降，遇强降雨容易形成径流，水流沿着集水线在动能的作用下汇集到下部的坡耕地中，在坡耕地中逐渐形成细沟乃至浅沟。

第一次全国水利普查东北黑土区侵蚀沟道普查范围涉及东北黑土区（不包括风蚀区）的黑龙江省、吉林省、辽宁省和内蒙古自治区4个省（自治区）的171个县（市、区、旗），总面积为94.49万km²。以2.5m分辨率遥感影像和1∶50000数字线划图（DLG）为主要信息源，利用GIS软件，采用人机交互方式在计算机上解译提取侵蚀沟道的长度、面积、类型和纵比及其地理空间位置，从而统计分析侵蚀沟道数量、特征及其分布情况等，对象为沟道长度不小于 100m、不大于 5000m 的侵蚀沟。东北黑土区侵蚀沟道总数量为 295663 条，其中发展沟 262177 条，占侵蚀沟道总数的 88.7%，稳定沟 33486 条，占侵蚀沟道总数的 11.3%。侵蚀沟道总面积 3648km²，总长度 195513km，平均沟壑密度为 0.21 km/km²，沟道纵比为 8.43%。东北黑土区侵蚀沟长度大，但面积相对较小，表现为“细长型”特征，多发生在坡耕地、荒草地和疏幼林地中，其中坡耕地中的侵蚀沟数量最多。

四省（自治区）中，黑龙江侵蚀沟数量最多，为 115535 条，占东北地区总数的 39.1%；辽宁省侵蚀沟数量最少，为 47193 条，占东北地区的 16.0%；内蒙古自治区与吉林省侵蚀沟数量分别为 69957 条和 62978 条，占东北地区的 23.7%和 21.3%。沟壑密度内蒙古自治区最大，为 0.38km/km²；黑龙江省最小，为 0.12km/km²；辽宁省和吉林省沟壑密度分别为 0.17km/km² 和 0.13km/km²。侵蚀沟面积内蒙古自治区最大，为 2147km²，占东北地区侵蚀沟道总面积的 58.9%；辽宁省侵蚀沟面积最小，为 199km²，仅占东北地区侵蚀沟道总面积的 5.5%；黑龙江省和吉林省侵蚀沟面积分别为 928.99km² 和 374km²，占东北地区侵蚀沟道总面积的 10.3%。侵蚀沟长度内蒙古自治区最大，为 109762km，占东北地区侵蚀沟道总长度的 56.1%；吉林省侵蚀沟长度最小，为 19768km，占东北地区侵蚀沟道总长度的 10.1%，黑龙江省和辽宁省侵蚀沟长度分别为 45244km 和 20739km，占东北地区侵蚀沟道总长度的 23.1%和 10.6%。总体来看，内蒙古东部地区的侵蚀沟强度明显高于东北三省，东北三省中，以黑龙江省侵蚀沟道数量多、面积大、长度长。

侵蚀沟最直接的危害是破坏耕地，切割地表，蚕食土地，冲走沃土，造成土地资源的极大浪费。乌裕尔河和讷谟尔河流域面积 3.89 万 km²，根据调查统计，1965—2005 年间，侵蚀沟数量由 2565 条增加到 14502 条，侵蚀沟占地面积由 16.76km² 增加到 102.04km²，沟壑密度由 0.03km/ km² 增长到 0.19km/km²。40 年间，侵蚀沟数量和占地面积增长了近 5 倍，侵蚀沟呈现快速发展趋势。侵蚀沟不仅直接破坏耕地，侵蚀沟边两侧 10m 左右的土地由于崩塌、裂隙及畜力车的碾压，也无法耕作。东北黑土区坡长坡缓，非常适合农业机械作业。尤其是农垦系统，机械化程度和现代化水平很高，机械化生产是农垦系统目前普遍采取的农业生产模式，但侵蚀沟的发展使耕地支离破碎，造成大型农机无法靠近，影响到农业机械生产效率，动摇了使用农业机械的基础。侵蚀沟影响农村生产生活，阻碍当地社会经济发展。沟壑切割土地，毁坏家园，威胁道路和居民住地安全，影响人们的正常生产。

2.3 东北黑土区坡面侵蚀特征

收集到处于东北黑土区黑龙江省九三鹤北小流域2003—2017年，宾县三岔河径流小区2004—2006年，海伦市光荣小流域2007—2017年，辽宁阜新二道岭径流小区2010—2011年，吉林省梅河口市吉兴小流域径流场2004—2005年、2013—2017年，长春市青沟坡面径流场2013—2017年，内蒙古扎兰屯五一小流域2013—2017年，辽宁朝阳东大道2008—2010年等9个监测点的观测数据计算东北黑土区土壤侵蚀量。各监测点小区基本情况及观测年限见表2-1的详示。

表2-1　收集到的水土保持监测点小区数据情况

监测点名称	坡度/(°)	坡长/m	宽度/m	观测年份	年数
黑龙江九三鹤北	5	20	5	2003—2017年（缺2005年）	15
黑龙江宾县三岔河	6	30	5	2004—2006年	3
黑龙江海伦光荣	5	20	4.5	2007—2017年	11
吉林梅河口吉兴	7	30	5	2004—2011年（缺2007年）	7
辽宁阜新二道岭	12	30	5	2010—2011年	2
内蒙古扎兰屯五一小流域	7	30	5	2013—2017年	5
辽宁朝阳东大道	12	20	5	2008—2010年	3
黑龙江克山	2	20	5	1974—1982年（缺1976年、1979年）	7
吉林长春市青沟坡面径流场	2	20	5	2013—2017年	5
共计	9				58

这些站点径流小区包括裸地小区、农地小区、水土保持措施小区等。选择裸地和顺坡农地小区作为对照小区，分析了水土保持措施的效益情况。涉及的水土保持措施类型涵盖了横坡、地埂植物带、梯田、深松、秸秆还田、垄向区田、鼠道暗管及组合技术等针对农地的措施，水平坑、水平台田、水平槽等针对果园的措施，以及生态修复和荒山灌木埂、灌草植被等针对荒坡治理的措施等十几种。观测资料显示，顺坡起垄种植大豆，径流系数介于0.03～0.31之间，平均为0.11。标准小区的土壤侵蚀量介于210.6～2585.2t/(km^2·a)之间，平均为1065.7t/(km^2·a)。按照土壤容重1.2g/cm^{3}计算，标准小区条件下，平均土壤侵蚀厚度为0.89mm。6个径流小区坡面观测场顺坡垄作标准径

流小区的监测结果显示，每年约有10%的降雨随地表径流流失，约有1000t/km^{2}的表土流失，年均黑土表土剥蚀率约为1mm。梅河口市吉兴、海伦市光荣、扎兰屯五一小流域径流小区基本情况见表2-2至表2-4。

表2-2　　梅河口市吉兴小流域径流小区基本情况

小区号	坡度/(°)	坡长/m	坡宽/m	面积/m^2	土壤类型	水保措施	小区类型
1	9	30	5	150	黑土	蒿草	草地
3	9	30	5	150	黑土	植物埂	农地
4	9	30	5	150	黑土	灌木埂	农地
5	9	30	5	150	黑土	水平坑	林地
6	9	30	5	150	黑土	横垄	农地
7	9	30	5	150	黑土	顺垄	农地

表2-3　　海伦市光荣小流域径流小区基本情况

小区号	坡度/(°)	坡长/m	坡宽/m	面积/m^2	土壤类型	水保措施	小区类型
1	5	20	4.5	90	中层黑土	免耕	农地
2	5	20	4.5	90	中层黑土	少耕	农地
3	5	20	4.5	90	中层黑土	传统耕作	农地
4	5	20	4.5	90	中层黑土	免耕	农地
5	5	20	4.5	90	中层黑土	少耕	农地
6	5	20	4.5	90	中层黑土	传统耕作	农地
7	5	20	4.5	90	中层黑土	荒地	草
8	5	20	4.5	90	中层黑土	裸地	无
9	5	20	4.5	90	中层黑土	横坡垄作	农地
10	5	20	4.5	90	中层黑土	免耕	农地
11	5	20	4.5	90	中层黑土	少耕	农地
12	5	20	4.5	90	中层黑土	传统耕作	农地

表2-4　　扎兰屯五一小流域径流小区基本情况

小区号	坡度/(°)	坡长/m	坡宽/m	面积/m^2	土壤类型	水保措施	小区类型
1	7	30	5	150	暗棕壤	顺垄	农地
2	7	30	5	150	暗棕壤	横垄	农地
3	7	30	5	150	暗棕壤	裸地	裸地
4	7	30	5	150	暗棕壤	水平坑	
5	7	30	5	150	暗棕壤	地埂植物	农地
6	7	30	5	150	暗棕壤	植物带	农地
7	7	30	5	150	暗棕壤	生态修复	

横坡起垄种植是东北黑土区普遍采用的水土保持措施，也称之为等高沟垄种植，起垄方向基本与等高线平行，垄向坡度一般不超过2%。横坡起垄小区的垄向坡度为0，监测结果显示，横坡起垄径流系数变化介于0.01～0.10之间，保水效益指数在0.57～0.91之间，平均为0.77；保土效益指数在0.87～0.98之间，平均为0.93。监测到各站多年平均侵蚀量为63.2t/(km^2·a)，多年平均保土厚度约0.05mm。横坡耕作是东北黑土区有效的水土保持耕作措施，其土壤侵蚀模数降到了200t/(km^2·a)和70t/(km^2·a)，保土减沙效益达到93%和97%。

黑龙江省灌草植被小区的土壤侵蚀模数高于东北黑土区的允许土壤流失量200t/(km^2·a)，顺坡耕作玉米在标准坡长坡度情况下的土壤侵蚀量为2300t/(km^2·a)，达到了土壤侵蚀分级分类标准中的中度侵蚀。梯田是最传统的水土保持工程措施，获得的观测数据来自于水平梯田小区。监测数据显示，水平梯田的保水效益指数和保土效益指数均达到1.0，即采用了水平梯田这一措施的小区，在一般降雨条件下，不再产生水土流失。地埂植物带应用于坡耕地地埂上，与顺坡耕作相比，地埂植物带的保水效益指数介于0.68～0.91之间，平均为0.82，保土效益指数介于0.81～0.97之间，平均为0.92。地埂植物带相对于顺坡耕作，可以拦截81.5%的地表径流和91.6%的土壤侵蚀。总结东北黑土区水土保持措施的效益发现，免耕和横坡垄作可以节省投资和人力、物力，其保土效果可达90%以上，东北黑土区坡耕地采用等高种植，是非常有效的水土保持措施，将极大降低水土流失。

2.4 东北黑土区水土流失治理现状

总结东北黑土区的水土流失治理，大致经历了区域治理技术与模式试点阶段、水土流失国家重点工程实施阶段和综合防治体系示范推广阶段等。按地貌类型和水土流失特点，将东北黑土区划分为天然林保护区、丘陵沟壑重点治理区、漫川漫岗重点治理区、风沙治理区和平原保护区。天然林保护区主要采取封山育林、疏林地改造和保护等措施，丘陵沟壑重点治理区采用以沟道为重点的小流域综合治理策略，采取沟头防护、谷坊、塘坝等措施，建立完成的沟壑防护体系，实施封育保护；漫川漫岗重点治理区以坡耕地治理为重点，采取顺坡垄改水平垄、修建植物地埂、坡式梯田和水平梯田等工程措施，调节和拦蓄地表径流，结合水源工程，建设高标准基本农田，促进退耕和大面积封育保护；风沙治理区通过水源建设，合理开发利用水资源，建设基本草场，结合禁牧、轮牧、舍饲等措施，发展高效农牧业；平原保护区进行有计划的保护，建设防护林体系。自20世纪80年代以来，具体实施的工程包括全国小流域综合治理试点工程、东北黑土区水土流失综合防治试点工程、国家水土保持重点治理工程、全国水土保持生态修复试点工程、全国坡耕地水土流失综合治理工程、国家农发水土保持项目、漫川漫岗黑土区侵蚀沟治理等一系列国家级重点工程。

水土流失综合防治试点工程项目，以小流域为单元集中连片采取治理措施进行治理，在漫川漫岗、丘陵沟壑、风沙三个重点治理区选择了8个项目区开展治理，采取的水土保持措施如坡耕地治理（如修建梯田、地埂植物带和改垄等）、封育治理（包括林草工程182.19km^2，水保林166.16km^{2}和种草16.03km^2）、荒坡地治理（如修建截流沟、种植灌木埂带）、生态修复工程（如围栏、立标志牌）、沟道治理（如治沟、修建谷坊、跌水、沟头防护、植物垡带和削坡）。还修建了小型水保工程（包括塘坝和蓄水池）和作业路。试点工程项目区坡耕地水土流失得到基本控制，保护耕地不再被切割，提高了土地利用率，在黑土区水土流失治理方面总结了成功经验，探索出坡耕地治理的成功模式。提出了漫川漫岗区三道防线的治理模式，即在沿坡顶岗脊和道路布设截流沟、建设农田防护林，控制坡面径流进入农田的第一道坡顶防护体系，坡面农田采取田间工程改垄修地埂梯田的第二道坡面防护体系，侵蚀沟采取沟头修跌水、沟底建谷坊、沟坡削坡插柳、育林封沟、顺水保土的第三道防护体系。丘陵沟壑区探索出“一林戴帽、二林围顶、果木拦腰，两田穿靴，一龙坐底”的小流域“金字塔”综合治理模式，推动了农牧交错区生态修复，建设有效安全生态屏障。

在总结“东北黑土区水土流失综合防治试点工程”经验的基础上，2008年国家农业综合开发办公室启动“国家农业综合开发东北黑土区水土流失重点治理工程”，截至2016年已实施了三期，涉及黑龙江省、吉林省、辽宁省、内蒙古自治区以及黑龙江省农垦局共计84个项目区。农发工程具有“治理与开发相结合，以治理促开发、以开发保治理”的特点，主要采取的措施中坡耕地治理包括坡改梯、地埂植物带、生态修复、林草工程等。坚持以小流域为单元开展综合治理与开发并重的思路，调整了农业产业结构，促进了农业增产、农民增收和农村经济发展。

2010—2012年，国家启动实施了坡耕地水土流失综合治理试点工程，旨在为治理坡耕地水土流失、加强农业基础设施建设提供经验和示范。在此基础上，2013年实施了坡耕地水土流失综合治理专项工作。主要措施配置为“梯田＋田间生产道路＋植被护埂”，一些项目区根据自己的特点，还有谷坊和水保林等措施。辽宁土石山区项目区措施配置主要是“梯田＋田间生产道路”和“梯田＋田间生产道路＋小型水利水保工程”。吉林的坡耕地治理采取3°～5°坡耕地修建地埂植物带，5°～8°坡耕地修筑坡式梯田，8°～15°坡耕地修建水平梯田，配套截水沟、植物护埂和田间生产道路。

东北黑土区侵蚀沟主要分布于大小兴安岭向松嫩平原过渡的漫川漫岗农业区、大兴安岭东麓向内蒙古高原延伸的低山丘陵地区，地形起伏，植被稀疏且分布不均，农业耕垦指数大，土壤侵蚀潜在危险度高，是沟蚀危害的集中区和易发区。2015年松辽水利委员会启动了“漫川漫岗黑土区侵蚀沟治理技术体系研究”项目，对漫川漫岗黑土区重点县市有关治理侵蚀沟进行了详查，总结归纳出灌木封沟治理模式、乔灌组合治沟模式、生物-工程复合治沟模式、工程—生物治沟模式和侵蚀沟复垦治沟模式，同时也发现侵蚀沟治理还存在诸多不足和问题。2017年，编制了《东北黑土区侵蚀沟治理专项规划（2018—2030年）》，提出了下一时期侵蚀沟治理目标和水土保持三级区侵蚀沟治理模式。

根据第一次全国水利普查结果，东北三省共有基本农田7408km^2，占全国的16%，包括梯田、坝地和其他基本农田。辽宁省梯田面积最大，为2420km^2，占全国的1.4%，其次为黑龙江省871km^2，占全国的0.5%，吉林省梯田面积最低为332km^2，占全国的0.2%。辽宁省耕地资源少、坡耕地比例大，坡耕地水土流失严重，粮食产量低而不稳。坡面水系工程是指在坡面修建的用以拦蓄、疏导来自山坡耕地、林草地、荒地以及其他非生产用地产生的地表径流，预防山洪危害，发展山区灌溉的水土保持工程设施。东北三省仅辽宁省有坡面水系工程，控制面积为276km^2，占全国的3%，水系长度为5579km，占全国的3.6%。小型蓄水保土工程是指为拦截天然来水、增加水资源利用率和防止切蚀、沟头前进和沟岸扩张而修建的具有防治水土流失作用的水土保持工程。东北三省点状工程共有225330个，线状工程共有156856km。水土保持林是指在水土流失地区造林营林提高森林覆盖率，有效发挥拦蓄径流、涵养水源、调节河川径流、防止土壤侵蚀、改良土壤和改善生态环境的水土保持功能的人工林。东北三省水土保持乔木林面积为37629km^2，灌木林面积为4199km^2。水土保持经济林，辽宁省占全国比例最大，为6%，吉林0.6%，黑龙江0.5%。水土保持种草面积，黑龙江1207km^2、辽宁976km^2、吉林330km^2。

参考文献

[1] 刘宝元，阎百兴，沈波，等. 东北黑土区农地水土流失现状与综合治理对策[J]. 中国水土保持科学，2008，6（1）：1-8.

[2] 金长茂. 呼伦贝尔盟东南部河谷甸子地组成物质的初步研究[M]//中国科学院荒地考察文集呼伦贝尔盟东南部甸子地专辑. 北京：科学出版社，1982：19-31.

[3] 杨永兴，王世岩. 8.0 ka B.P. 以来三江平原北部沼泽发育和古环境演变研究 [J]. 地理科学，2003，23 (1)：32-38.
[4] 熊毅，李庆逵. 中国土壤 [M]. 北京：科学出版社，1990.
[5] 孙继敏，刘东生. 中国东北黑土地的荒漠化危机 [J]. 第四纪研究，2001，21 (1)：72-78.
[6] 唐蕴，王浩，严登华，等. 近50年来东北地区降水的时空分异研究 [J]. 地理科学，2005，25 (2)：172-176.
[7] 范昊明，蔡强国，王红闪. 中国东北黑土区土壤侵蚀环境 [J]. 水土保持学报，2004，18 (2)：65-69.
[8] 刘宪春，温美丽，刘鸿鹄. 东北黑土区水土流失及防治对策研究 [J]. 水土保持研究，2005，12 (2)：74-77.
[9] 王金平，张秀茵. 黑龙江哈尔滨黑土水分状况与养分供应的关系 [J]. 土壤通报，1979 (6)：7-9.

第3章 东北黑土区小流域土壤侵蚀模型构建

3.1 土壤侵蚀模型构建思路

土壤侵蚀是在自然因素和人类活动共同作用下，地表土壤被剥离、搬运和沉积的过程，分为不受人类活动干扰的自然侵蚀和人类活动介入、打破土壤形成与侵蚀过程自然平衡的加速侵蚀两类。水土保持工作者的目标是缩小和消除加速侵蚀，而不是完全消除一切侵蚀。要开展水土流失治理，需要认清土壤侵蚀的发生发展规律，了解机理，才能从源头控制影响侵蚀的因素。土壤侵蚀的动力包括水、风、冻融和重力等。水力侵蚀主要由降雨、地表径流引起。土壤侵蚀的发生发展跟地表径流的产生、汇集密切相关，需要基于径流形成原理、土壤侵蚀原理构建模型模拟土壤侵蚀过程。

对于流域自然地理过程的模拟，只有从过程、机理以及微观角度上进行定量的认识，才能使流域模拟上升为真正的科学，才能提供客观、准确的模拟结果，最终实现为人类的生产生活提供决策依据的目的。物理过程模型通过对侵蚀产沙过程进行概化和描述，用数学方程描述物理过程进而量化侵蚀量，反映流域侵蚀的机制以及时间和空间的分布规律，可以反映土地利用变化、植被变化对侵蚀过程的影响。物理过程模型可以考虑各个因素的时间和空间变化，具有很强的可移植性，并可以考虑不同单元间的水平联系而受到国内外学者的关注。但是由于物理模型是从物理概念出发，模型参数大多具有明确的物理意义，参数量化需要大量的实测资料进行验证，因此参数成为模型发展的瓶颈。这些模型中的侵蚀参数不能直接根据实验测定，仍采用经验公式计算或者用小区资料和流域资料进行标定。本书力图熟悉国内外影响较大的、已经发展成熟的有关流域的土壤、径流、植被、人类活动及其他相关的分布式数学模型、应用环境、参数意义、应用效果，以东北黑土区鹤山农场小流域为研究对象，探究面向流域和模块化的模型构建系统，以完成土壤侵蚀过程的定量化研究。

下面以东北典型黑土区九三垦区鹤山农场小流域为研究对象，结合GIS建立基于物理机制的分布式次降雨小流域土壤侵蚀模型，使其能够反映流域侵蚀的机制以及土壤侵蚀的时间和空间分布规律；能够刻画流域的侵蚀规律和预报土壤侵蚀量。该模型在分析总结国内外广泛应用的土壤侵蚀模型优、缺点的基础上，借鉴现有模型的成功经验建立，具有模块化的结构，方便以后的不断完善和改进，在应用于其他地区时根据当地的地形、水文和侵蚀特点可以方便地修改模型中各模块的计算方法和所用参数，使其具有可移植性；构建模型的原则是水文过程和侵蚀过程的计算是基于研究区土壤侵蚀特点的基础上，尽量使用相对容易获得的数据资料和参数，采用目前研究较成熟、通用性较强的计算模型，提高模型的通用性。

3.2 土壤侵蚀模型构建流程

收集分析现有研究区的资料，研究东北黑土区土壤侵蚀的特点和影响因素，为建立模型打下基础；调查研究小流域的土地利用、土壤剖面分布，分析流域不同坡位土壤的理化性质和剖面特征，研究小流域土壤、水文地质特点；收集、观测和整理小流域及径流小区资料，根据流域和径流小区降雨径流资料，分析研究流域降雨产流特点，研究小流域土壤侵蚀特点；根据小流域和径流小区的降雨径流及产沙量资料，确定水文模块各水文过程计算方法，确定侵蚀模块的计算方法和参数；编程实现模型，根据小流域的观测资料率定模型参数，对流域土壤侵蚀模型进行验证。

本次研究建立的分布式小流域土壤侵蚀模型是一个流域尺度的次降雨侵蚀模型。划分流域计算单元的方式主要有3种，即坡面、水文响应单元和栅格。本模型基于DEM将流域划分为大小相等、地表状况相对均一的栅格，对每个栅格进行产汇流和产输沙的计算。模型以模块化的结构模拟流域产流产沙的各过程，主要分为水文模块和侵蚀模块。

根据小流域土壤侵蚀过程的特点构建分布式流域侵蚀模型，采用数值统计分析方法，分析径流小区降雨径流资料，确定水文模块模型的参数；根据泥沙资料率定侵蚀模块的参数；验证模型对土壤侵蚀进行定量研究。

模型各模块的计算过程与处理步骤见图3-1至图3-3所示的流程框图。

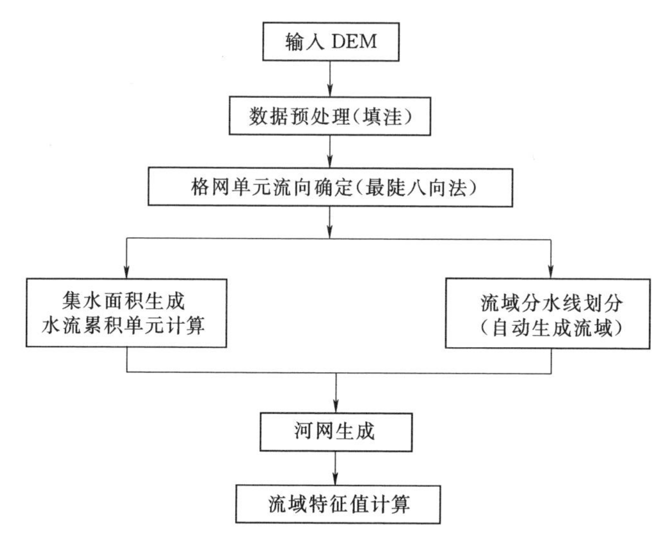

图3-1 DEM水文分析流程

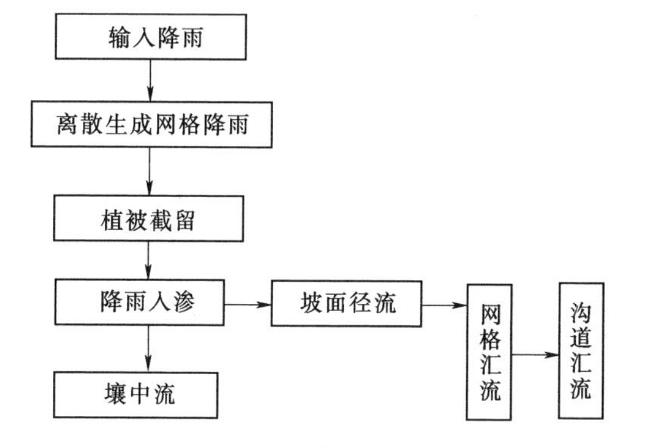

图3-2 流域水文过程

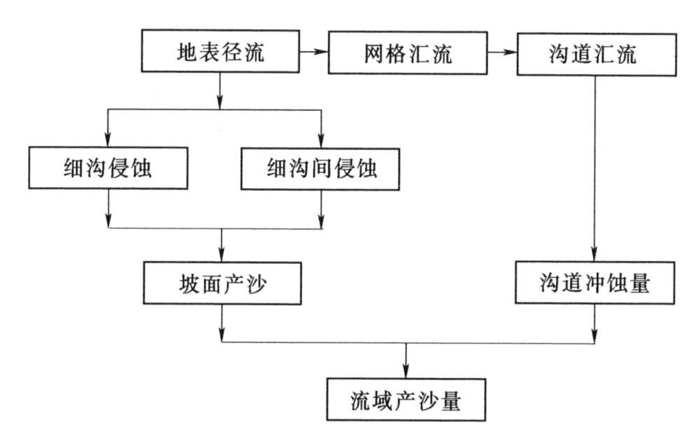

图3-3 流域土壤侵蚀过程

3.3 小流域分布式土壤侵蚀模型

产流计算采用美国农业部水土保持局（Soil Conservation Service，SCS）研制的SCS曲线数模型。模型考虑了流域下垫面的特点（如土壤、植被、坡度、土地利用等），既可以间接地考虑人类活动对流域径流的影响，也可以在水文模型参数与遥感信息之间建立直接的联系，具有结构简单、参数少、使用方便等优点。

模型用于计算降雨-径流关系的表达式为

$$\begin{cases} R=0 & P<0.2S \\ R=\dfrac{(P-0.2S)^2}{P+0.8S} & P\geqslant 0.2S \end{cases} \tag{3-1}$$

式中：R 为径流量，mm；P 为次降雨总量，mm；S 为流域当时的最大可能滞留量，mm。

S 值的变化幅度很大，从实用出发该局引入一个无量纲参数CN，称为曲线号码（Curve number）与 S 建立经验关系，即

$$S=\frac{25400}{\mathrm{CN}}-254 \tag{3-2}$$

式中：CN为SCS模型中用于描述降雨-径流关系的无量纲的重要参数，反映流域前期土壤湿润程度（Antecedent Moisture Condition，AMC）、坡度、土壤类型和土地利用现状的综合特性，可以较好地反映下垫面条件对流域产汇流过程的影响，取值范围为0～100。

SCS模型以此次降雨前5天雨量把前期土壤湿润程度分为3级，分别代表干、平均、湿3种状态（即AMCⅠ、AMCⅡ、AMCⅢ）。在AMCⅠ或AMCⅢ情况下，可根据公式换算其CN值（叶守泽等，2000），有

$$\mathrm{CN}_1=\frac{4.2\mathrm{CN}_2}{10-0.058\mathrm{CN}_2} \tag{3-3}$$

$$\mathrm{CN}_3=\frac{23\mathrm{CN}_2}{10+0.13\mathrm{CN}_2} \tag{3-4}$$

汇流计算采用运动波模型，由连续性方程描述。对于坡面汇流，旁侧流入主要指降雨扣除入渗等损失后的净雨。一维运动波（Kinematic approximation）方程组表示为

$$\begin{cases}\dfrac{\partial A}{\partial t}+\dfrac{\partial Q}{\partial x}=p\\ S_f=S_0\\ Q=\dfrac{1}{n}AR^{2/3}S_0^{1/2}\end{cases} \tag{3-5}$$

式中：A 为断面面积，m^2；t 为时间，s；Q 为流量，m^3/s；x 为距离，m；p 为净雨，m；S_0为河底坡度；S_f为摩阻比降；R 为水力半径，m；n 为曼宁糙率系数。

土壤侵蚀依赖于坡面流的产生，坡面上的土壤侵蚀分为细沟侵蚀和细沟间侵蚀，根据质量守恒原理，坡面侵蚀产沙动态过程可以用式（3-6）表示，即

$$\frac{\partial hC}{\partial t}+\frac{\partial qC}{\partial x}=\frac{1}{B}(D_r+D_i) \tag{3-6}$$

式中：C 为含沙量，kg/m^3；D_r为细沟侵蚀速率，kg/(s·m)；D_i为细沟间侵蚀速率，kg/(s·m)；B 为过水断面宽度，m；q 为单宽流量，m^3/s；h 为水深，m。

细沟间侵蚀模型采用 Flanagan 等（1995）在 WEPP 模型中采用的模型，表达为坡度和雨强的函数，形式为

$$D_i=k_iS_fI^2 \tag{3-7}$$

式中：D_i为细沟间单位面积侵蚀量，kg/(m·s)；k_i为细沟间土壤可蚀性，$kg\cdot s/m^4$；S_f为坡度，m/m；I 为雨强，m/s。

根据 Foster 等（1975，1977，1982）的研究结果，细沟的含沙量与径流输沙力直接满足平衡输沙概念，细沟侵蚀量计算方程为

$$D_r=D_c\left(1-\frac{G}{\mathrm{TC}}\right) \tag{3-8}$$

$$D_c=K_r(\tau_f-\tau_c) \tag{3-9}$$

式中：TC 为细沟水流挟沙力，kg/(s·m)；G 为细沟水流含沙量，kg/(s·m)；D_c为细沟水流的分离能力，kg/(s·m)；τ_c、τ_f 分别为临界剪切力和细沟水流剪切力，Pa；K_r为细沟土壤可蚀性，s/m。

3.4 模型参数总结

根据模型模拟的各水文和侵蚀过程涉及的参数主要包括植被参数、地表参数和土壤参数。这些参数都具有明确的物理意义，可以通过实测和实验确定，但是由于实测参数工作量很大和可获得的长序列的数据资料有限，因此在确定参数时，往往结合实测数据、可获得的文献资料和国内外相关实验数据确

定，见表 3－1。

表 3－1　　　　模　型　参　数

参数类型	参数名称	符号	单位
径流系数	曲线数	CN	
地表	糙率系数	n	
	坡度	i_0	
土壤	细沟间可蚀性	k_i	$kg \cdot s/m^4$
	细沟可蚀性	K_r	s/m
	临界剪切力	τ_c	Pa
水流挟沙力	指数 1	β	
	指数 2	γ	
	系数	A	

参　考　文　献

[1] 叶守泽，詹道江. 工程水文学［M］. 北京：中国水利水电出版社，2000.

[2] Flanagan D C，Nearing M A. USDA－Water erosion prediction project hillslope profile and watershed model documentation［M］. NSERL Report No. 10，1995.

[3] Foster G R. Modeling the erosion process［M］. In：Haan C T. Hydrologic modeling of small watershed. ASAE. Monograph，1982，5：297－379.

[4] Foster G R，Meyer L D. A closed－form soil erosion equation derived from basic erosion principles［J］. Trans. of ASAE，1977，20（4）：678－682.

[5] Foster G R，Meyer L D. Mathematical simulation of upland erosion by fundamental erosion mechanics［J］. Agricultural Research Service，USDA，1975：190－207.

第4章 小流域产汇流模型

4.1 产汇流原理

降雨和地表径流是引起水力侵蚀的主要动力。降雨形成的物理条件包括大气中有足够的水汽、水汽动力冷却条件、吸水性微粒等。影响降雨量及其时空分布的因素包括地理位置、气旋、地形、森林、水体等因素。土壤是由固体颗粒、土壤水和土壤孔隙中的空气组成的三相物质。当降雨时，水分沿孔隙下渗至土壤中，造成土壤含水量增大，影响下渗率的因素主要包括初始土壤含水量、雨强、土壤质地和结构等。土壤入渗包括饱和入渗和非饱和入渗两种，根据霍顿提出的超渗机制和邓恩（Dunne）提出的饱和机制：当雨强大于土壤入渗率时，土壤含水量未达到田间持水量即产生径流，称为超渗产流；当雨强小于土壤入渗率时，降水全部下渗土壤而不产生地表径流，直至相对不透水层以上土壤的含水量达到田间持水量时出现壤中流；随着临时饱和带随降雨的继续不断向上发展，最终将到达地面形成地表径流，称为饱和地面径流。

降雨扣除植被截留、填洼、入渗等损失后从流域各处流向流域出口的汇集过程即为汇流过程，流域汇流分为坡面汇流和沟道汇流两部分。由于落在流域内的雨滴离出口断面的距离不同，各点的净雨因为地表粗糙度不同导致流速不同，同一时刻降至流域的净雨不会同时流出流域，引起时段内流域蓄水量的变化，导致出口断面洪水过程的变化，受流域汇流复杂性的影响，需要对汇流过程进行概化，包括单位线法和等流时线法。

坡面薄层水流分为坡面漫流和细沟股流，受雨滴击溅、坡面地形地貌特征、植被覆盖度和坡面边界条件的影响，坡面薄层水流的流态和水动力特征与明渠流不同。当坡面流属于恒定均匀流的紊流情况下，可采用曼宁公式计算阻力，利用坡度和水深计算单宽流量，该公式在层流情况下就不适用。要建立坡面流的计算公式，首先要判断坡面流的流态，国内外学者对坡面流流态进行了专门的理论和试验研究，研究结果各异，并没有形成共识。总结认为，坡面流的流态呈现层流、紊流和过渡流的分区，水动力学规律复杂，有细沟的坡面流和无细沟情况下的水力学参数也不同，建立定量模型的难度较高。根据计算条件和所要解决的问题，可用浅水方程的运动波、扩散波或动力波简化求解。

4.2 植被截留降雨

植被截留是雨水在植物叶面吸着力、承托力、重力和水分子内聚力作用下的叶面水分储存现象（于维忠，1988）。植被截留作为水文循环的一个重要环节，影响着地表-大气能量循环过程和水量平衡（芮孝芳，2004），它是一个重要的水文过程，改变了流域输入输出水的数量、时间和空间分布。植被截留一方面减少了地面的实际受雨量，从而减轻侵蚀；另一方面阻截了雨滴的溅蚀和雨滴对坡面薄层水流的扰动，而这种扰动是坡面径流侵蚀的重要动力。人工模拟降雨表明，当覆盖度达到 50%时的溅蚀率与裸地相比，可减少 70%以上。随着分布式流域水文模型的发展，植被截留量的计算受到越来越多的重视。

植被对降雨的截留蓄积存在一个最大量，水文学中称之为截留容量。受到植物本身的特性（如类型、生长期和覆盖度等）和气象因素（如降雨量、雨强、气温、风和前期枝叶湿度等）的影响（芮孝芳，2004）。

总结国内外林冠截留模型的发展过程和已有的模型，植被截留降雨的计算模型主要有经验性的统计模型、概念模型和物理模型 3 种。总结模型的形式发现又可以分为：覆被相关法，考虑覆被的种类和生长阶段对于降雨截留的影响；降雨相关法，考虑雨强、雨量等因素对于截留量的影响；过程模拟法，冠层在短时间内截留并释放出雨水的现象，与土壤的渗透现象相似，即当降雨进入冠层后，产生初始截留强度，当冠层饱和后仍有一定的截留能力，称最终截留强度或稳定截留强度，分别相当于土壤下渗过程中的初始下渗率和稳定下渗率；水量平衡法，该方法将林地降雨分为 3 个部分，即截留量、干流量和穿透降雨量；微气象学法，认为林冠截留量包括两个部分，即枝叶表面的截留量和降雨期间的叶面蒸发量（王家虎，2006；金鑫，2007）。

观察研究流域的土地利用图可以看到，该流域超过 80%的面积都是农耕地，然而作物及其残落物的截留雨量在水文过程模拟中往往被忽视。Bristow 等（1986）研究指出，作物和残落物的截留作为水循环的重要组成部分通过改变进入土体的水量影响土壤系统中水和化学物质的平衡。玉米、大豆等作物的截留水量可以达到降雨的 7%～36%（Lull，1964），生长季节的小麦可以截留

10%～25%的降雨量（Konstorshchikov，1963）。Savabi 等（1994）通过实验室控制实验研究得到在半个小时降 12.5mm 的人工降雨中，玉米和大豆的残余物可以截留的雨量分别是 29%和 23%。作物及其残落物截留雨量主要与作物类型和生长期、雨强、降雨历时和降雨或灌溉频率有关（Dingman，1994）。由于长期对作物截留降雨研究的忽视，模拟作物截留降雨的模型并不多。现有的模型均是对林冠截留模型的简化应用，如一维的作物根系区杀虫剂模拟 PRZM 模型，它考虑了作物截留降雨（Carsel 等，1998）、模拟大气-植被-土壤系统能量平衡的 WAVES 模型，它也是一维的（Zhang 等，1998）植物生长模型（CropSyst Crop Production 模型）（Campbell 等，1988）。最近，Van Dijk 等（2001）基于 Gash 模型，考虑了作物截留雨量的蒸发，建立了更加详细的作物截留模型（Van Dijk 模型），但是由于模型考虑的因素较多，很多因子很难获得。Kozak 等（2007）采用修正的 Merriam 模型模拟了作物及其残余物的截留雨量，模拟结果很好。

通常植被的实测截留量包括冠层枝叶对雨水的吸附量和雨期蒸发引起的附加截留量。Horton（1919）首先以此为基础，把林冠吸附水量简化为常数，建立了林冠截留模型。该模型只适用于一场暴雨的情况，而且降雨量大于林冠截留量与蒸发量之和。

$$I_c = I_{cm}^* + erT \tag{4-1}$$

Merriam（1960）建议将最大林冠截留量表示为累积降雨的指数函数，即

$$I_c = I_{cm}^* \left[1 - \exp\left(-\frac{P}{I_{cm}^*}\right)\right] + erT \tag{4-2}$$

Merriam 模型是在林分郁闭的森林系统建立起来的。Aston（1979）对该模型进行了修正和补充，用于林分不郁闭的情况得到式（4-3），即

$$I_c = I_{cm}^* \left[1 - \exp\left(-(1-c)\frac{P}{I_{cm}^*}\right)\right] + erT \tag{4-3}$$

式中：I_c为一次降雨的林冠截留量，mm；I_{cm}^*为植被最大截留容量，mm；P为降雨量，mm；e 为蒸发强度，mm/h；r 为叶面积指数，LAI；T 为降雨历时，h；c 为降雨拦截系数，近似等于 $1-0.046r$。

植被最大截留容量可以根据叶面积指数计算（Von Hoyningen - Huene，1981），即

$$I_{cm}^* = 0.935 + 0.498r - 0.00575r^2 \tag{4-4}$$

或者（Brisson 等，1998）

$$I_{cm}^* = 0.2r \tag{4-5}$$

由于降雨期间的空气湿度往往比较大，特别是对于短历时暴雨或连续性降雨，雨期蒸散发量很小，附加截留量可以忽略不计。基于次降雨建立的概念性指数模型由于具有一定的物理基础且参数通过常规观测资料即可确定，在流域水文模型中被广泛采用。

叶面积指数的获取一般有4种方法：一是基于植被种属的破坏性测量；二是应用遥感手段，通过计算NDVI（归一化植被指数）来计算LAI，以此为基础进行植被截留的计算（Hoffmann等，2004；Jiang等，2005）；三是采用冠层分析仪器进行实地测量（Coops等，2004）；四是用植被覆盖度估测。根据Toby（1997）、Nilson（1971）及李存军等（2004）等的研究结果，叶面积指数与植被覆盖度成指数关系，达到了极显著的相关关系。

农地采用照相法得到植被覆盖度，根据实测植被覆盖度，估算叶面指数。其它土地利用的叶面指数和植被覆盖度可以参考引用VIC模型的试验数据，见表4-1。植被覆盖度和叶面积指数之间存在一定的统计关系。Nilson（1971）研究得到覆盖度与叶面积指数LAI满足指数函数，瞿瑛等（2008）以大豆为例进行叶面积指数的测量和覆盖度的测量，确定了该模型的系数，得到

$$f_{VC}=1-e^{-0.4854LAI} \quad R^2=0.975 \tag{4-6}$$

表4-1　不同植被类型不同月份的叶面指数

类　型	1月	2月	3月	4月	5月	6月	7月	8月	9月	10月	11月	12月
常绿针叶林	3.4	3.4	3.5	3.7	4	4.4	4.4	4.3	4.2	3.7	3.5	3.4
常绿阔叶林	3.4	3.4	3.5	3.7	4	4.4	4.4	4.3	4.2	3.7	3.5	3.4
落叶针叶林	1.68	1.52	1.68	2.9	4.9	5	5	4.6	3.44	3.04	2.16	2
落叶阔叶林	1.68	1.52	1.68	2.9	4.9	5	5	4.6	3.44	3.04	2.16	2
混交林	1.68	1.52	1.68	2.9	4.9	5	5	4.6	3.44	3.04	2.16	2
森林	1.68	1.52	1.68	2.9	4.9	5	5	4.6	3.44	3.04	2.16	2
多树的草地	2	2.25	2.95	3.85	3.75	3.5	3.55	3.2	3.3	2.85	2.6	2.2
郁闭灌木	2	2.25	2.95	3.85	3.75	3.5	3.55	3.2	3.3	2.85	2.6	2.2
非郁闭灌木	2	2.25	2.95	3.85	3.75	3.5	3.55	3.2	3.3	2.85	2.6	2.2
草地	2	2.25	2.95	3.85	3.75	3.5	3.55	3.2	3.3	2.85	2.6	2.2
农田	0.05	0.02	0.05	0.25	1.5	3	4.5	5	2.5	0.5	0.05	0.02

资料来源：http://www.hydro.washington.edu/lettenmaier/models/vic，2003。

根据九三鹤北小流域监测点径流小区在2006—2017年间的植被覆盖度调查，得到大豆、小麦和玉米生长期内每个月的覆盖度值。一般6月种植作物，

9月末收割，因为每年气温的差异，种植日期不完全相同，将观测的各作物分半月统计其生长期内的植被覆盖度变化情况，见表4-2。

表4-2　大豆生长期内的覆盖度观测值

作物类型	6月			7月			8月			9月	
	上旬	中旬	下旬	上旬	中旬	下旬	上旬	中旬	下旬	上旬	中旬
大豆	6	10	26	39	59	77	92	94	96	82	76
小麦	14	36	68	87	82	72	68				
玉米	4	10	24	73	78	82	91	93	97		

研究小流域内土地利用类型以耕地居多，不同年份种植作物类型不同，主要包括大豆、芸豆、小麦、玉米和水飞蓟等，每种植被不同生长期的叶面积指数不同，现有的观测资料有限，本次研究在模型代码开发时将植被截留部分写入了模型，但是在模型参数率定时没有参考标准进行拟定，需要累积长序列的观测数据进行参数率定，目前先暂不考虑植被截留。

4.3　土壤入渗模型

由于入渗是水循环的重要组成部分，受到许多水文学家和土壤学家的重视并开展了大量研究。总结现有的土壤入渗模型可以将其分为3类，即物理模型、半经验模型和经验模型。物理模型是根据质量守恒定律，基于连续方程和达西定律建立起来的，如Green－Ampt模型（1911）和Philip模型（1957）；半经验模型一般是连续方程的简化形式，利用水文学系统方法建立的，如Horton模型（1940）；经验模型是通过试验观测资料建立入渗曲线来估计模型参数建立起来的，如Kostiakov模型（1932）和SCS－CN模型。

Horton（1940）对小面积人工降雨资料进行分析认为，当降雨持续进行时，入渗速率逐渐减小，入渗过程是一个消退的过程，消退的速率与渗透的量成正比，得到降雨入渗的经验方程为

$$f=f_c+(f_0-f_c)e^{-kt} \tag{4-7}$$

式中：f为下渗能力，mm/min；f_c为稳定入渗速率，mm/min；f_0为初始入渗速率，mm/min；t为时间，min；k为常数。

Philip（1957）在Rechilds方程的基础上，运用Bolman变换，并结合一定的边界条件和初始条件，得到了方程的级数解，其二项式入渗方程为

$$f(t)=\frac{1}{2}st^{-1/2}+f_c \tag{4-8}$$

式中：$f(t)$ 为下渗能力，mm/min；s 为吸渗率，mm/min；f_c 为稳渗速率，mm/min；t 为时间，min。

该公式得到了田间入渗试验资料的验证，具有重要的应用价值。但是Philip公式的垂直入渗级数解及其系数是在半无限均质土壤、初始含水率分布均匀、有积水条件下求得的。因此，该公式只适用于均质土壤一维垂直入渗的情况，若将Philip入渗公式应用于非均质土壤，还需进一步研究和完善。再者自然界的入渗主要是降雨条件下的入渗，供水条件和积水入渗存在很大的差异，因而将其直接用于入渗计算不够确切。

Green-Ampt（1911）基于毛管理论，建立起一种具有一定物理意义的反映入渗速度与水势梯度之间关系的饱和下渗理论公式。Mein等（1973）在分析降雨入渗机理的基础上，对该公式进行改进，使其应用到稳定降雨条件下的入渗计算，即

$$f_p=K\left(\frac{1+SM}{F}\right) \tag{4-9}$$

式中：f_p为下渗能力，mm/min；K 为土壤饱和导水率，mm/min；S 为湿润锋土壤水吸力，mm；M 为土壤缺水量，mm；F 为累积入渗量，mm。

Chu（1978）根据水量平衡原理将修正后的Green-Ampt模型进行推广，提出将该模型用于变雨强有多次积水出现时的入渗计算。计算过程如下。

假设时段初没有积水，计算从时段初开始到时段末的入渗量，首先要判断时段末是否有积水，用C_u进行判断，即

$$C_u=\frac{P(t_n)-R(t_{n-1})-\mathrm{KSM}}{(I-K)} \tag{4-10}$$

若 $C_u<0$，说明时段末没有积水，那么

$$R(t_n)=R(t_{n-1}) \tag{4-11}$$

$$F(t_n)=F(t_{n-1})+I\Delta t \tag{4-12}$$

式中：P 为降雨量，mm；R 为径流量，mm；I 为该时段雨强，mm/min。

若 $C_u>0$，说明时段末有积水，假设出现积水的时刻为 t_p，那么

$$t_p=\frac{\mathrm{KSM}(I-K)-P(t_{n-1})+R(t_{n-1})}{I+t_{n-1}} \tag{4-13}$$

$$P(t_p)=P(t_{n-1})+(t_p-t_{n-1})I \tag{4-14}$$

从 t_p到 t_n、F_p到 $F(t_n)$ 积分，可得到时段末 t_n的累积下渗量 $F(t_n)$ 为

$$F(t_n)-F_p-\mathrm{SM}\cdot\ln\left(\frac{F(t_n)+\mathrm{SM}}{F_p+\mathrm{SM}}\right)=K(t_n-t_p) \tag{4-15}$$

$$F(t_p)=F_p=P(t_p)-R(t_p)=P(t_p)-R(t_{n-1}) \tag{4-16}$$

式中：F_p为t_p时刻的累积入渗量，mm。

假设时段初有积水，计算从时段初开始到时段末的入渗量，首先要判断时段末是否有积水，用C_p进行判断，即

$$C_p=P(t_n)-R(t_{n-1})-F_p(t_n) \tag{4-17}$$

若$C_p<0$，则时段末没有积水，有

$$R(t_n)=R(t_{n-1}) \tag{4-18}$$

$$F(t_n)=P(t_n)-R(t_{n-1}) \tag{4-19}$$

若$C_p>0$，则时段末有积水，有

$$F(t_n)-F(t_{n-1})-\mathrm{SM}\cdot\ln\left(\frac{F(t_n)+\mathrm{SM}}{F(t_{n-1})+\mathrm{SM}}\right)=K(t_n-t_{n-1}) \tag{4-20}$$

$$\Delta R=P(t_n)-F(t_n) \tag{4-21}$$

$$\Delta F=F(t_n)-F(t_{n-1}) \tag{4-22}$$

Green－Ampt模型中包含土壤特性参数，如土壤初始含水量、饱和含水量、土壤饱和导水率和湿润锋面土壤水吸力等。在一场降雨过程中，这些参数被认为是常数。美国土壤保持局将土壤水吸力和土壤缺水量看作一个参数SM，根据大量的野外试验数据将土壤根据质地分成5类，并给出不同土壤类型的土壤饱和导水率K值和SM值，见表4－3。

表4－3　　　　土壤特性参数值

土壤类型	K/(m/h)	SM/m
黏土	<0.0021	>0.061
黏壤土	0.0021～0.0067	0.043～0.0061
粉壤土	0.0067～0.0142	0.036～0.043
砂壤土	0.0142～0.0247	0.027～0.036
砂土	>0.0247	<0.027

ANSWERS和WEPP模型采用Green－Ampt模型计算降雨入渗过程是基于次降雨和连续模拟的，连续模拟可以通过计算蒸散发过程来确定每次降雨－产流模拟前的土壤前期含水量，有利于提高超渗产流模拟的精度。WEPP模型中用包含土壤类型、土壤含水量和容重的函数计算有效土壤水吸力。对于土壤饱和导水率，WEPP模型有两种处理方式：一种是输入一个基值K_b，模型通过连续模拟根据土壤管理措施和植被特征进行调节；另一种是给定一个常数K_{ec}而不再改变。模型中农地的基值K_b根据式（4－23）计算，即

当土壤中黏粒含量不大于40%时，有

$$K_b=-0.265+0.0086(100\text{sand})^{1.8}+11.46\text{CEC}^{-0.75} \tag{4-23}$$

当土壤中黏粒含量大于40%时，有

$$K_b=0.0066e^{\frac{2.44}{\text{clay}}} \tag{4-24}$$

式中：K_b 为土壤饱和导水率；sand 为土壤中砂粒含量，%；CEC 为阳离子交换量，meq/100g。

每种土壤类型的土壤物理属性包括土壤密度、有效田间持水量、土壤饱和导水率等，还可以用美国华盛顿州立大学开发的土壤水特性软件 SPAW6.1（Soil-Plant、Air-Water）中的 SWCT（Soil Water Characteristics for Texture）模块计算得到，该软件只需要输入土壤的粒径组成，便可计算得到其他的土壤物理属性数据。

对于无资料流域，美国农业部水土保持局（Soil Conservation Service，SCS）研制的 SCS 曲线数模型可以用于计算小流域降雨径流。该模型在美国及其他国家得到了广泛的应用，并取得了较好的效果。中国在 20 世纪 80 年代后也开始介绍并应用 SCS 曲线数模型。该模型考虑了流域下垫面的特点（如土壤、植被、坡度、土地利用等），既可以间接地考虑人类活动对流域径流的影响，也可以在水文模型参数与遥感信息之间建立直接的联系，具有结构简单、参数少、使用方便的优点。

模型提供的土壤分类是美国水土保持局的专家们在美国调查了 4000 多处土壤后得出的结果。该土壤分类考虑了土壤透水性与土地利用类型的不同，分为 A、B、C、D 四类，它与一般土壤学上的土壤分类不同，习惯称为 SCS 土壤分类。根据土壤入渗能力的大小，采用 Soil Survey Mannual 中的标准，根据土壤的饱和导水率进行划分，具体的划分标准见表 4-4。

表 4-4　按饱和导水率作 SCS 土壤分类

土壤	饱和导水率/(mm/h)	饱和导水率/(mm/min)
A	>180	>3
B	18～180	0.3～3
C	1.8～18	0.03～0.3
D	<1.8	<0.03

此外，还可以按土壤的最小入渗率进行 SCS 土壤分类。根据模型提供的分类以及模型在我国的应用，将入渗率与土壤性质结合分类见表 4-5（叶守泽，2000）。

表 4-5　按最小入渗率作 SCS 土壤分类

土壤	最小入渗率/(mm/h)	土壤质地
A	7.26～11.43	砂土、壤质砂土、砂质壤土
B	3.81～7.26	壤土、粉砂壤土
C	1.27～3.81	砂黏壤土
D	0～1.27	黏壤土、粉砂黏壤土、砂黏土、粉砂黏土、黏土

CN 值与土壤类型、植被、土地利用、耕作措施和前期土壤含水量有关。模型提供了不同土地利用的 CN 值查算表。表 4-6 是农地平均湿润状况，即 AMCⅡ时的值。

表 4-6　不同土地利用的 CN 值[a]

土地利用	耕作措施[1]	水文状况[2]	土壤组			
			A	B	C	D
休闲地	裸地	—	77	86	91	94
	作物残余覆盖	差	76	85	90	93
		好	74	83	88	90
垄作物	顺坡	差	72	81	88	91
		好	67	78	85	89
	顺坡有作物残余覆盖	差	71	80	87	90
		好	64	75	82	85
	横坡	差	70	79	84	88
		好	65	75	82	86
	横坡有作物残余物	差	69	78	83	87
		好	64	74	81	85
	横坡梯田	差	66	74	80	82
		好	62	71	78	81
	顺坡梯田有作物残余	差	65	73	79	81
		好	61	70	77	80
谷类	顺坡	差	65	76	84	88
		好	63	75	83	87
	顺坡有作物残余覆盖	差	64	75	83	86
		好	60	72	80	84
	横坡	差	63	74	82	85
		好	61	73	81	84

续表

土地利用	耕作措施[1]	水文状况[2]	土壤组			
			A	B	C	D
谷类	横坡有作物残余物	差	62	73	81	84
		好	60	72	80	83
	横坡梯田	差	61	72	79	82
		好	59	70	78	81
	横坡梯田有作物残余覆盖	差	60	71	78	81
		好	58	69	77	80
豆类或轮作草地	顺坡	差	66	77	85	89
		好	58	72	81	85
	横坡	差	64	75	83	85
		好	55	69	78	83
	横坡梯田	差	63	73	80	83
		好	51	67	76	80
		差	68	79	86	89
		中等	49	69	79	84
		好	39	61	74	80
牧草地[3]		—	30	58	71	78
灌草丛地以灌木为主[4]		差	48	67	77	83
		中等	35	56	70	77
		好	30	48	65	73
林地下有草丛		差	57	73	82	86
		中等	43	65	76	82
		好	32	58	72	79
林地[5]		差	45	66	77	83
		中等	36	60	73	79
		好	30	55	70	77

[a]来源：SCS，1986；Hydrology for water management，1999。

[1]整年残余物覆盖度不小于5%。

[2]水文状况涉及影响入渗的因素包括密度、植被覆盖度、残余物的量、草地覆盖度、地表覆盖度和地表粗糙度。好是指水文状况达到或超过平均入渗速率。差是指阻碍入渗或增加径流。

[3]差是指植被覆盖度小于50%或严重放牧；平均是指植被覆盖度在50%～75%之间，中等放牧；好是指植被覆盖度超过75%，有轻微的放牧现象。

[4]差是指植被覆盖度小于50%，平均是指植被覆盖度在50%～75%之间，好是指植被覆盖度超过75%。

[5]差是指严重放牧或被烧，林木被损害，平均是指一些林木凌乱，一些被放牧，没有烧过，好是指林木茂盛并有灌木丛没被放牧或烧过。

土壤初始含水量作为影响径流产生的重要因子被诸多水文模拟研究所证实。确定土壤的初始含水量可以为率定 CN 值提供依据。Malik（1987）建立了包含降雨特性、土壤质地等因素和土壤初始含水量的相关关系，描述其对径流产生的影响。不同土地利用类型的土壤含水量通常不同，不同下垫面条件下的土壤水分的时空变化规律不相同（谢志清等，2002）。在次降雨模型中，用于确定土壤前期含水量的方法有遥感法、根据前期气象资料估算法和日模型法。蔡强国等（1998）研究发现土壤前期含水量与降雨前 3 天平均空气湿度、前 21 天平均蒸发量、前 1 天降雨量和前 8 天平均降雨量有显著相关关系，并建立了回归关系式用于估算不同植被类型土壤前期含水量。新安江模型中通过前期降雨建立经验关系确定，或根据前期降雨采用日模型估计次降雨前的土壤前期含水量。这些方法在确定初始土壤含水量时都存在不确定性，从而造成次降雨模拟结果的不确定性。WEPP 模型通过连续模拟计算蒸散发来确定次降雨之前的土壤含水量。

总结已有的模型不难发现，Green - Ampt 入渗模型、Horton 入渗曲线模型和 SCS 曲线数模型在流域的产流计算中应用较广泛。由于各地区土壤类型和特性分布的差异性，不同地区选用不同的模型其计算结果差别很大。东北黑土区地形多为漫岗坡地，母质为黄土状黏土沉积物，其水分来源为大气降水，属地表湿润淋溶型。由于黑土有机质含量和团聚体含量高，土质黏重及季节性冻层使其透水性差且持水力强，土壤长期处于湿润状态。本次研究分别采用 SCS 曲线数方法和 Chu 提出的变雨强土壤入渗计算方法进行坡面产流计算，编写了模型程序，根据目前东北黑土区入渗模型的研究及参数的可获得性，仅率定了 SCS 曲线数方法的模型参数，Green - Ampt 方法需待累积长序列观测数据后才能进一步深入开展参数率定工作。

4.4 黑土区土壤入渗研究

4.4.1 样点布设

从鹤北 8 号小流域的地形图和土地利用图可以看出，以流域的主沟和两条支沟为界，流域主要由西坡、西北坡和西南坡 3 个坡面组成。流域内超过 80%的土地都是耕地，其次为林地、草地和尿炕地（渍涝地），尿炕地的形成影响了流域汇水过程，并且尿炕地的形成与流域的土壤及地质结构有关，探讨尿炕地形成原因为了解该流域水文过程的重要组成部分，因此兼顾尿炕地形成原因和分析流域土壤剖面组成，以穿过尿炕地，垂直于沟底横跨流域的样线为基础，间隔 100～200m 布点，尿炕地处加密采样点，在其中心及边缘分别布设样点，总共为9个样点。采样点基本覆盖了所有土地利用类型，分布于坡顶、坡中和坡底。

在布设的样点采样，根据野外观测和实验结果，各点的采样深度有所不同，视地下水（潜水）埋深而定。采样深度样点1为4m，样点2为6m，样点4为4m，样点5为5m，样点6为5.4m，样点9为5.2m，样点3、7、8均为2m。10cm一个土层。

图4-1和图4-2分别为流域采样点分布图和流域剖面图。

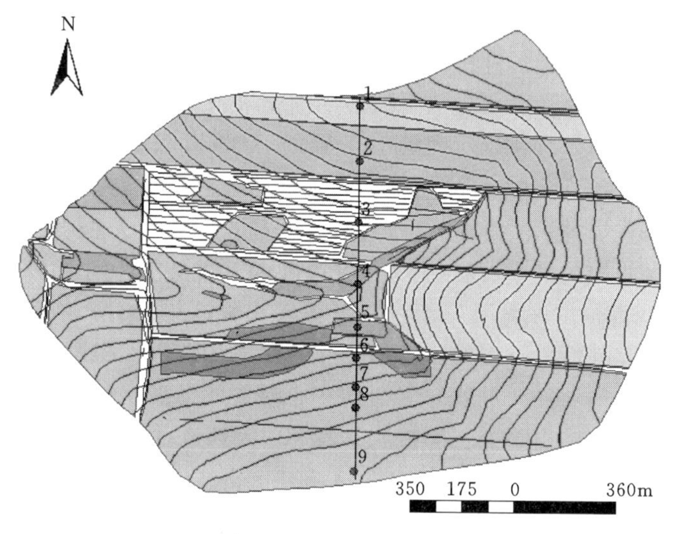

图4-1 采样点分布图

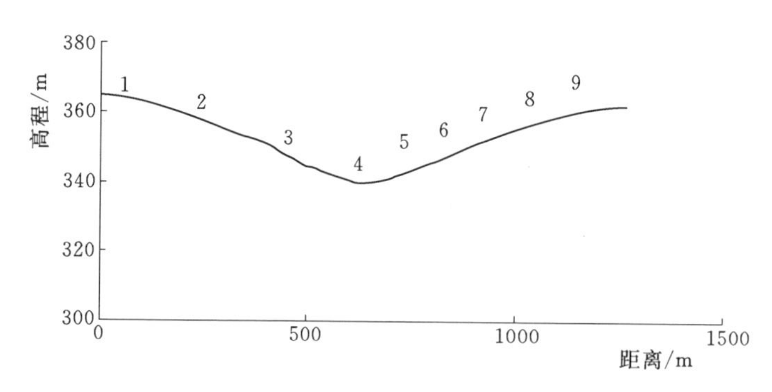

图4-2 采样点在流域剖面图中的位置

4.4.2 采集土壤剖面标本

冲击钻分层采样，记录采样深度，装剖面样于铁盒（图4-3）。装土壤剖面标本的铁盒为长方形，内具小格。

采集时先将剖面上各层最典型的标本，用剖面刀采取一块，块头大小大约与铁盒的格子相似，然后按照层序装入盒的格子内（图4-4、图4-5）。用标签纸在铁盒旁边注明上下层序关系及各层厚度。注意，采集的标本实际层厚度一般不过数厘米，它应具有该层典型性。切勿将全层各部均匀选取，混合装样，或用手压装。在记录时应将实际采样深度和本层样品代表的深度同时记载。

图4-3　冲击钻取样

4.4.3　采集土壤剖面样品

观察土壤剖面情况，分层样装入自封袋，取土量大约500g，记录样点位置和土层厚度。测定土壤含水量（重复取3个，

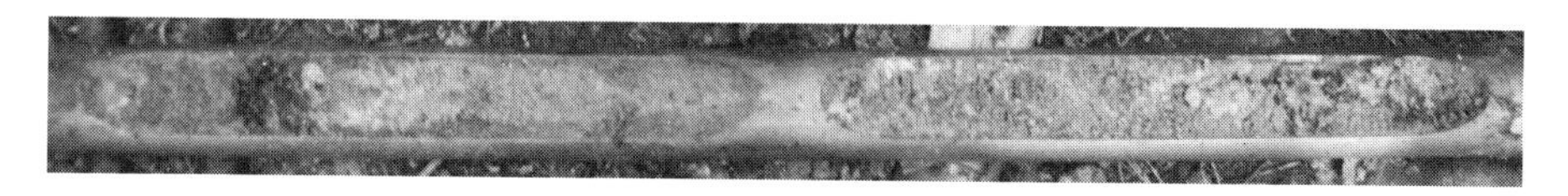

图4-4　冲击钻钻筒土壤剖面样

图4-5　土壤剖面铁盒标本

取平均值）。记录剖面情况，土层厚度、土壤颜色（利用盲色卡对比确定）、土壤质地、土壤结构（团粒状、块状、棱状、片状等）、土壤坚实度（松散、疏松、紧实、坚实）、土壤湿度（干、润、湿润、潮湿、湿）。在采样点进行两次采样，样点2处于林地和耕地的过渡地带，2008年采样分析发现该点黑土层很厚，为了探明弱透水层埋深，2009年样点2沿坡下移约20m。另外，除了9个采样点外在流域的两个坡顶和鹤北流域4队处有3个沙坑，总共采集410个土样。

表4-7　　各样点采集样品数

样点1	样点2	样点3	样点4	样点5	样点6	样点7	样点8	样点9	沙坑	合计
40	80	20	40	50	54	20	20	52	34	410

4.4.4 土壤砾石含量和机械组成分析

将采集的土样摊平，在自然状态下风干，风干时注意将样品编号与对应样品放在一起，以避免样品之间混淆。经过风干的土壤样品称重后平摊在铺有橡胶垫的实验台上，剔除掺杂的草根，用木制滚筒反复碾压，直至黏结的土块彻底粉碎为止。经过研磨的样品，过孔径 2mm 筛，称量筛上大于 2mm 部分的土样重量用于计算砾石含量，筛下小于 2mm 部分用于测定土壤性质。土壤机械组成测定采用吸管法，美国制进行颗粒分级，具体操作见土壤理化分析与剖面描述（刘光崧，1996）。

采取剖面样测定土壤容重、含水量和渗透系数等。在 0～100cm 深土层，挖土壤剖面（图 4-6），自下而上取样，100cm 以下用砂土钻钻至采样深度后用环刀钻采样。渗透筒法适于测定土壤渗透性；烘干法适于测定土样含水量；环刀法适于测定饱和含水量（刘光崧，1996）。

图 4-6 土壤剖面图

4.4.5 小流域土壤性质分析

1. 小流域土壤剖面描述

土壤的性质决定了该流域降雨产流产沙的特点。根据采样观测得到各样点的剖面描述如下。

剖面 1（坡顶耕地）

0～8cm，黑棕色（3/2，7.5YR），砂质黑土，干，含草根。

8～26cm，棕色（4/6，10YR），砂质——粉砂质黑土，往下黏土含量增加，干，含少量草根。

26～81cm，过渡层，往下有机质含量逐渐减少，颜色由棕色（4/6，10YR）过渡到灰色（8/0，N）——灰白色（8/1，2.5GY）。机械成分为中砂，含粗砂和少量细砾石，湿润，极少见草根。

80～140cm，灰白色（8/1，7.5），中砂层（母质），河流相，湿润。

144～160cm，灰白色（8/1，7.5），中粗砂，细砂含量增加，反映水动力的短时间增强，湿润。

160～166cm，灰色中细砂（8/0，N），可能有弱成壤现象，湿润。

166～200cm，中粗砂（8/0，N），含细砾石（母质），湿润。

剖面2（坡中上部林地）

0～7cm，黑棕色（3/2，7.5YR），砂质黑土，湿润，含大量草根，有正在成壤的表土。

7～48cm，黑棕色（3/2，7.5YR），黏质黑土，湿润，含少量草根，局部有白色丝状物，黑色—灰黑色。

48～93cm，过渡层，棕色（4/3，7.5YR）—浊棕（5/4，7.5YR）；黏土质粉砂，湿润。

93～140cm，浊棕色（5/4，7.5YR），含黏土质粉砂，黏土含量较第3层少（母质），湿润。

140～160cm，浊棕色（5/4，7.5YR），中粗砂含砾石，反映水动力条件的增强，湿润。

160～170cm，浊棕色（5/4，7.5YR），黏土质粉砂，其中164～170cm颜色较深，应含有机质，推断为古土壤化的产物，湿润。

170～179cm，浊橙色（7/4，7.5YR），含粗砂中砂，湿润。

179～197cm，黑棕色（3/2，7.5YR），黏质黑土，有机质含量高，典型古土壤，土质成熟，反映一次明显湿润期，湿润。

197～200cm，亮棕色（5/6，7.5YR），中粗砂，含少量细砾石（母质），湿润。

剖面3（坡中下部林地）

0～10cm，黑棕色（3/2，7.5YR），砂质黑土，成壤化正在进行，干，含树根和草根。

10～20cm，黑棕色（2/1，7.5YR），黏质成分高，干，含较多根须。

20～31cm，亮棕色（5/6，7.5YR），过渡层，细砂含粉砂，干。

31～80cm，亮棕色（5/6，7.5YR），中细砂（母质），31～40cm是干，40～80cm是润。

80～90cm，淡黄橙（8/6，7.5YR），含粗砂中砂，润。

90～100cm，淡黄橙（8/4，7.5YR），砾石层，润。

100～130cm，棕色（4/3，7.5YR），粗砂层。

130～170cm，淡黄橙（8/4，7.5YR），粗砂砾石层，往下砾石含量增加，润。

170～200cm，亮棕色（5/6，7.5YR），粗砂层，含细砾石，润。

剖面4（坡底）

0～9cm，黑棕色（3/2，7.5YR），含细砂粉砂，干，含根须。

9～50cm，黑棕色（2/1，7.5YR），细砂，粉砂，含一定黏土成分，成熟土层，润。

50～131cm，棕色（4/3，7.5YR），过渡层，机械组成：上部黏质粉细砂土，往下黏土含量逐渐减少，变为粉细砂层，润。
131～156cm，亮黄棕色（6/8，10YR），砂层，含少量黏土，润。
156～164cm，橙色（6/8，7.5YR），中细砂，含黑色团块，湿润。
164～200cm，橙色（6/8，7.5YR），中细砂，似有钙质胶结现象，湿润。

剖面5（坡中下部尿炕地点）
0～8cm，黑棕色（3/2，7.5YR），细砂，干，含根。
8～26cm，黑棕色（2/1，7.5YR），细砂，粉砂，成熟土层，干。
26～43cm，浊橙色（6/4，7.5YR），过渡层，细砂，往下变为中砂含细砾石，润。
43～91cm，橙色（6/6，7.5YR），中粗砂（母质），润。
91～110cm，橙色（6/6，7.5YR），中粗砂，含较多砾石，润。
110～140cm，浊橙（7/4，7.5YR），粗砂层，润。
140～160cm，粗砂砾石层，润。
160～190cm，淡黄橙（8/4，7.5YR），粗砂层，底部含砾石，湿润。
190～198cm，灰白（8/1，7.5Y），粉细砂，含少量黏土，可能对应某次成壤过程，潮湿。
198～200cm，淡黄橙（8/4，7.5YR），粗砂，含少量砾石，潮湿。

剖面6（坡中下部耕地）
0～23cm，黑棕色（3/2，7.5YR），中砂质地，含细砂。下部有少量黏质成分，本层无法区分表层与成熟土层，干。
23～51cm，浊橙（6/4，7.5YR），中细砂，过渡层，润。
51～120cm，浊橙（7/4，7.5YR），粉砂质中细砂，其中178～180cm处含砾石，润。
120～150cm，灰白色（8/1，7.5Y），细砂，粉砂，自上而下颜色变深，黏土含量增加，湿润。
150～160cm，黑棕色（3/2，7.5YR），黏土质粉砂，有成壤现象（古土壤），湿润。
160～180cm，棕色（4/3，7.5YR），细砂，粉砂，湿润。
188～200cm，亮棕（5/6，7.5YR），中砂，含粗砂砾石，湿润。

剖面7（坡中尿炕地点）
0～9cm，黑棕色土层（3/2，7.5YR），正在进行的成土层，润。
9～20cm，黑棕色（2/1，7.5YR），黏土质粉细砂层，成熟土层，潮湿。
20～63cm，棕色（4/3，7.5YR），粉细砂，过渡层，潮湿。

63～83cm，灰白色（8/1，7.5Y），中细砂层，过渡层，潮湿。
83～127cm，灰白色（8/1，7.5Y），粗砂细砾石层（母质），潮湿。
127～140cm，灰白色（8/1，7.5Y），粉砂层，往下含白黏土，潮湿。
140～159cm，橙色（6/6，7.5YR），中粗砂，含砾石，潮湿。
159～170cm，灰白色（8/1，7.5Y），粉砂层，往下含少量黏土，湿。
170～180cm，灰白色（8/1，7.5Y），粗砂砾石层，湿。
180～200cm，淡黄橙（8/6，7.5YR），含粗砂中砂层，湿。

剖面 8（坡中上部耕地）
0～10cm，黑棕色（3/2，7.5YR）—黑色中砂土层，干。
10～18cm，黑棕色（2/1，7.5YR），细砂层，含黏土成分，胶结较坚硬，成熟土层，干。
18～40cm，棕色（4/3，7.5YR），过渡层，含粉砂质细砂，润。
40～127cm，浊棕色（5/4，7.5YR），中细砂（母质），40～74cm 湿润，74～127cm 湿润。
127～150cm，棕色（4/3，7.5YR），含黏土质粗砂层，含有机质，对应过去的古土壤过程，湿润。
150～170cm，亮棕色（5/6，7.5YR），粗砂砾石层，往下砾石含量增加，湿润。
170～200cm，亮棕色（5/6，7.5YR），粗砂层，含细砾石，湿润。

剖面 9（坡顶耕地）
0～23cm，黑棕色（3/2，7.5YR），质地上部为中砂，下部变细，为含黏土的细砂，成熟土层表现不明显，润。
23～55cm，棕色（4/4，7.5YR），过渡层，中砂层，含粗砂，局部有砾石，湿润。
55～86cm，浊棕色（5/4，7.5YR），中粗砂，湿润。
86～95cm，浊棕色（5/4，7.5YR），中细砂，含有机质，可能对应古土壤过程，潮湿。
95～130cm，淡黄橙（8/4，7.5YR），中砂，125～130cm 湿。
130～157cm，灰白色中砂，含粗砂，湿。
157～190cm，淡黄橙（8/3，7.5YR），粗砂，含少量细砾石，湿。
190～200cm，淡黄橙（8/6，7.5YR），中砂，含粗砂细砾石，湿。

根据剖面描述和土壤粒径分析，得到该流域各样点的黑土层厚度，坡面黑土层厚度在 20～30cm 之间，沟底的黑土层厚度大于 50cm，这是因为受汇水泥沙沉积的影响，沟底常年比较湿润，草甸发育，加之不受人类活动干扰，有机质含量较高。另外，从土壤剖面的描述可以看到，流域的土壤质地普遍较粗，表层土壤沙化现象严重，母质层的质地很粗，大多是由中砂和粗砂黏土组成，砾石含量很高。各样点土壤剖面的质地组成大致遵从由表层的细砂过渡到中粗砂再到粗砂含砾石的规律。

黑土层厚度一定程度上代表了该地区的侵蚀规律，根据黑土区剖面调查发现，坡顶黑土层较薄；坡度变缓处黑土层深度有所增加，林地对径流泥沙起到了拦截作用，样点 2 是林地位于农地下方，该点的黑土层明显较厚；在坡度稍陡处黑土层较薄；沟底的黑土层最厚，说明坡顶侵蚀较弱，在坡度较陡的地方侵蚀加剧，遇到缓坡时出现沉积，沟底由于泥沙沉积和土壤水较大，草塘发育，黑土层最厚。

2. 小流域土壤剖面性质分析

分析各样点土壤的粒径组成，根据美国三角坐标得到该流域土壤的剖面分布遵循由壤土过渡到黏壤土再到砂壤土的规律。每层的厚度根据样点所处的地形位置不同而不同，见表 4－8，样点 4 位于沟底，由于径流挟带泥沙的沉积，表层 20cm 为粉砂壤土，且黏壤土层很厚，2m 处还没有到达砂壤土层。

环刀法测得流域表层黑土的容重均值为 1.40g/m^3，0～50cm 土层深度的含水量和饱和含水量均值耕地分别为 15.31%和 34.11%，林地分别为 11.57%和 35.92%；耕地的平均渗透系数为 0.55mm/min；林地的平均渗透系数为 1.57mm/min，表层的渗透系数是均值的 2 倍多。由实验结果可知，由于林地土壤的渗透性较耕地大，加上林地的耗水性也较大，导致林地土壤的含水量低于耕地，但由于林地土壤有机质含量较大，孔隙度较耕地大，林地饱和含水量大于耕地。黑土表层有机质含量较高，孔隙度高，土质疏松，母质层透水不良，质地较为黏重，一定程度上阻碍了土壤水分的下渗。总体来看，研究流域的土壤容重大，渗透性很差，在降雨时很容易形成地表径流。

4.4.6 土壤渗透系数分析

根据实验数据可知，位于坡面中部、下部和阳坡坡顶的样点 5、7、9 的渗透系数相对较大。表土层土壤渗透系数较大，20～100cm 土层土壤黏结严重，120cm 以下土层渗透系数有显著增加。环刀法测得流域表层黑土的容重均值为 1.40g/m^3，0～50cm 土层深度的含水量和饱和含水量均值耕地分别为 15.31%和 34.11%，林地分别为 11.57%和 35.92%；耕地的平均渗透系数为 0.55mm/min；林地的平均渗透系数为 1.57mm/min，表层的渗透系数是均值的 2 倍多。各取样点土壤剖面样渗透系数如图 4－7 所示。

根据测得的土壤渗透系数，按照表 4－4 中饱和导水率划分土壤水文组。径流小区设置在坡面底部，表层黑土较厚，土壤饱和导水率多处于 18～

表 4-8　不同位置土壤剖面粒径组成（按美国三角坐标划分）

样品深度/cm	坡顶耕地 1	坡中林地 2	坡中林地 3	沟底 4	坡中下部 5	坡中耕地 6	坡中耕地 7	坡中上耕地 8	坡顶耕地 9
10	黏壤土	壤土	壤土	粉砂壤土	黏壤土	壤土	黏壤土	黏壤土	壤土
20		粉砂壤土			黏土				黏壤土
30				壤土	黏壤土				
40				黏壤土					
50					砂质黏壤土	黏壤土		粉砂黏壤土	
60	壤土	黏壤土							
70	砂壤土		黏壤土		砂壤土				
80	砂质黏壤土			粉砂壤土	砂质黏壤土		黏土		
90	砂壤土	粉砂黏壤土					砂质黏壤土		
100			壤土				砂壤土	黏壤土	
110	壤砂土						砂土	粉砂黏壤土	砂壤土
120	砂质黏壤土				砂壤土		砂壤土		
130	砂壤土	砂质黏壤土	砂质黏壤土						
140									
150	砂质黏壤土	粉砂黏壤土	壤土	粉砂黏壤土			砂质黏壤土	黏壤土	砂质黏壤土
160							砂壤土	砂质黏壤土	
170	砂壤土		砂壤土			砂壤土	黏壤土		
180	砂质黏壤土						砂壤土		砂壤土
190	砂壤土	砂壤土					砂质黏壤土	砂壤土	
200							砂壤土		

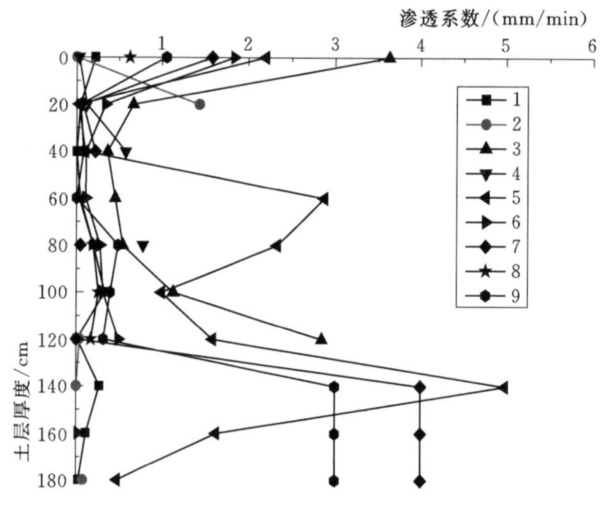

图 4-7 各取样点土壤剖面样渗透系数

180mm/h 之间，水文土壤组属于 B 类，小流域内位于林地的样点，饱和导水率大于 180mm/h，水文土壤组属于 A 类，沟底草地样点土壤饱和导水率处于 1.8～18 之间，水文土壤组属于 C 类，其他样点饱和导水率处于 18～180mm/h 之间，水文土壤组属于 B 类（表 4 9）。

表 4-9 流域不同土地利用不同坡位土壤水文组

序号	土地利用	土壤水文组	备注
1	耕 地	B	
2	林 地	A	坡中部
3	草 地	C	沟底
4	交通用地	B	
5	未利用地	B	

4.5 坡面产流研究

4.5.1 径流小区降雨产流产沙观测

径流小区布设在鹤山农场鹤北流域的 1 号小流域内。2002 年 7 月修建完成 17 个径流小区，2011 年增加了 10 个径流小区。共布设 27 个径流小区，包括 10 个坡长小区、4 个标准小区、14 个耕作措施小区，见表 4-10。1 号流域内设有自记雨量计，小区出口设有集流桶和分水箱，见图 4-8 和图 4-9。对小区进行了降雨、径流、泥沙观测，观测得到从 2003 年 3 月 30 日第一场降雨至 2015 年 9 月 13 日的最后一场降雨的全部降雨数据和各个小区的径流、泥沙数据。共降雨 368 场，总降雨量 3244.66mm，年均降雨量 463.52mm，11～20 号小区共产流 669 次，21～30 号小区共产流 369 次，标准小区产生的平均年径流深 61.66mm，平均年土壤流失量为 43.93t/hm^2。

图 4-8　坡长小区和雨量计

图 4-9　耕作小区

表 4-10　　鹤山小流域径流小区基本信息

小区号	小区名称	坡度 /(°)	坡长 /m	宽度 /m	面积 /m^2	作物	集流设备
11	裸地小区	5	20	5	100	裸地	11 孔分水箱＋大集流桶

续表

小区号	小区名称	坡度/(°)	坡长/m	宽度/m	面积/m²	作物	集流设备
12	裸地小区	5	20	5	100	裸地	11 孔分水箱+大集流桶
13	免耕小区	5	20	5	100	豆豆麦轮作	11 孔分水箱+大集流桶
14	横坡春起垄小区	5	20	5	100	豆豆麦轮作	11 孔分水箱+大集流桶
15	横坡秋起垄小区	5	20	5	100	豆豆麦轮作	11 孔分水箱+大集流桶
16	顺坡秋起垄小区	5	20	5	100	豆豆麦轮作	11 孔分水箱+大集流桶
17	顺坡春起垄小区	5	20	5	100	豆豆麦轮作	11 孔分水箱+大集流桶
20	平播	8	20	5	100	豆豆麦轮作	11 孔分水箱+大集流桶
21	裸坡小区	3	20	5	100	豆豆麦轮作	11 孔分水箱+大集流桶
22	无	3	20	5	100	豆豆麦轮作	11 孔分水箱+大集流桶
23	深松	3	20	5	100	豆豆麦轮作	11 孔分水箱+大集流桶
24	秸秆还田	3	20	5	100	豆豆麦轮作	11 孔分水箱+大集流桶
25	垄向区田	3	20	5	100	豆豆麦轮作	11 孔分水箱+大集流桶
26	沟管洞缝+垄向区田	3	20	5	100	豆豆麦轮作	11 孔分水箱+大集流桶
27	沟管洞缝	3	20	5	100	豆豆麦轮作	11 孔分水箱+大集流桶
28	鼠洞+暗管	3	20	5	100	豆豆麦轮作	11 孔分水箱+大集流桶
29	秸秆还田+垄向区田	3	20	5	100	豆豆麦轮作	11 孔分水箱+大集流桶
30	深松+秸秆还田+垄向区田	3	20	5	100	豆豆麦轮作	11 孔分水箱+大集流桶

注 21～30 号小区自 2015 年改装为径流泥沙自动监测设备。

4.5.2 产流系数测定

受可获得数据的影响，东北黑土区小流域土壤产流计算采用SCS模型开展。模型根据前期降水指数考虑前期土壤湿度对径流的影响，前期降水指数根据降雨前5天的降水总量划分（表4-11）。前期土壤湿度条件根据前5天降水量划分为干旱（AMC1）、正常（AMC2）和湿润（AMC3）3级。

表4-11 前期土壤湿度条件分类

AMC	前5天降雨总量/mm	
	生长期	休闲期
1	<35.6	<12.7
2	35.6～53.3	12.7～27.9
3	>53.3	>27.9

根据鹤山农场鹤北流域气象站数据计算各次产流的降雨前5天的降雨量。统计分析监测点11～20号径流小区2003—2016年、21～30号径流小区2011—2016年观测获得的1177次降雨径流数据，分析确定黑土区不同土地利用、不同土壤水文组的CN值，根据产流模型计算径流量。20个径流小区累积产流1177次，根据前期土壤湿度条件，11～20号小区、21～30号小区在干旱（AMC1）条件下的降雨产流次数占到69%、58%，计算得出的CN值对应的是AMC1下的CN1作为径流预报参数。

鹤山农场小流域不同土地利用CN值的确定，根据径流小区降雨径流资料计算每次实测降雨径流数据对应的S及CN值，取算术平均值作为该种土地利用、水土保持措施情况下的CN值。通过美国土壤保持局提供的CN值查算表，根据每一土地利用类型不同水文土壤组对应的CN_1比值，采用已知水文土壤组的CN_1值计算其他水文土壤组的CN值。没有布设径流小区的土地利用对应的CN值直接采用美国土壤保持局提供的CN值查算表，见表4-12。

表4-12 黑土区小流域不同土地利用CN值表

序号	土地利用	下垫面状况——水保措施	土壤水文组		
			A	B	C
1	休闲地	裸地		87	
		作物残余覆盖			
2	耕 地			75	
14、15		横坡垄作物		77	
20		平播种植		85	

续表

序号	土地利用	下垫面状况——水保措施	土壤水文组		
			A	B	C
16、17		顺坡垄作物		80	
25		垄向区田		74	
24		秸秆还田		77	
13		免耕		75	
29		秸秆还田和垄向区田		75	

4.6 汇流模型

坡面流运动的力学特性十分复杂，细致地描述坡面流运动还需要做大量的深入研究工作。长期以来，对坡面流主要采取简化处理方法。传统的概念性水文模型中，坡面汇流计算多采用单位线法和等流时线法。流域上分布均匀，历时趋于零，强度趋于无穷大，但净雨量等于 1 个单位的净雨，称为单位瞬时脉冲降雨。在流域汇流中，单位瞬时脉冲降雨所形成的出口断面流量过程线称为流域瞬时单位线（芮孝芳，2004）。它是由 Sherman 在 1932 年首先提出的，被定义为 1cm 净雨在流域形成的流量过程线（Chow，1988）。1934 年 Zoch 用一个线性水库模拟流域调蓄作用，提出了单一线性水库模型，得到了零初始条件下的流域瞬时单位线。流域上的水流质点流到流域出口断面所需要的时间为汇流时间，等流时线就是经过一定汇流时间同时到达流域出口断面的各水流质点的连接线。1945 年 Clark 将等流时线与线性水库结合建立了瞬时单位线法。

自 20 世纪 80 年代以来，随着计算机技术和地理信息系统的发展，Freeze 等（1969）提出的分布式模型的想法得以实现，各国的学者建立了很多分布式模型。圣维南方程组被广泛应用于流域汇流演算、洪水演算等水文模拟。实际的坡面水流运动因边界条件复杂，坡面薄层水流受微地貌影响很大，完整的圣维南方程组理论上非常严格，但是求解有相当大的困难，因此，简化模型逐渐被引入坡面流运动的研究中，并在实际应用中取得较好的效果。

圣维南方程组由连续方程和动量方程组成，用来描述明渠中非恒定流水力要素随时间和流程的变化（Chow，1959）。方程表示为

$$\begin{cases}\dfrac{\partial A}{\partial t}+\dfrac{\partial Q}{\partial x}=q' \\ S_0-\dfrac{\partial h}{\partial x}=S_f+\dfrac{1}{g}\left(\dfrac{\partial u}{\partial t}+u\dfrac{\partial u}{\partial x}\right)\end{cases} \tag{4-25}$$

式中：A 为断面面积，m^2；t 为时间，s；Q 为流量，m^3/s；x 为距离，m；

q'为旁侧入流量，m^3/s；S_0 为河底坡度；S_f 为摩阻比降；h 为水深，m；u 为流速，m/s；g 为重力加速度，m/s^2。

第一个方程为考虑旁侧入流的非恒定流连续性方程，该式含义为单位长度上、单位时间内，过水断面面积随时间的变化率与流量沿流程的变化率之和等于旁侧入流量。第二个方程为动量方程，式中$\frac{\partial h}{\partial x}$称为压力项，与水深的沿程变化成比例。$\frac{1}{g}\left(\frac{\partial u}{\partial t}+u\frac{\partial u}{\partial x}\right)$称为惯性项，$\frac{1}{g}\frac{\partial u}{\partial t}$为当地惯性力项，表示流速随时间的变化引起的动量变化，$\frac{1}{g}u\frac{\partial u}{\partial x}$为对流惯性力项，代表流速沿流程的变化引起的动量变化。可见，惯性项反映的是流速的时空变化。在水流连续的条件下，动量方程就是能量平衡方程，它表示水位的沿程变化是由于流速的时空变化和克服摩擦阻力而导致的（李炜，1999）。

通过略去动量方程中的一些项，联立连续性方程可以达到简化圣维南方程的目的。其中最简单的是运动波模型，略去了动量方程中的当地惯性项、对流惯性项和压力项，认为摩阻坡度等于河底坡度；扩散波模型是通过略去当地惯性项和对流惯性项，保留压力项简化得到的；动力波是保留所有的惯性项和压力项（Chow，1988）。

洪水波的变化以波速来衡量，而波速依赖于所考虑的波类型，与水流速度不同。对于运动波模型，其动量方程中的惯性项和压力项均被略去，所以波的运动是由连续性方程描述的。对于坡面汇流，旁侧流入主要指降雨扣除入渗等损失后的净雨。一维运动波（Kinematic approximation）方程组表示为

$$\begin{cases}\frac{\partial A}{\partial t}+\frac{\partial Q}{\partial x}=p\\ S_f=S_0\\ Q=\frac{1}{n}AR^{\frac{2}{3}}S_0^{\frac{1}{2}}\end{cases} \tag{4-26}$$

式中：R 为水力半径，m；n 为曼宁糙率系数；p 为净雨，m；其他符号意义同前。

当水位或流速的变化带来亚临界流动时，这种影响会传播到上游，可以用动力波来反映这种汇水效应。Miller（1984）总结了很多标准来确定哪些情况适合应用运动波，但是并没有一个简单、通用的标准来衡量。很多学者也用扩散波对坡面汇流进行模拟，并取得较好的模拟结果（Julien 等，1995；Ogden 等，1995）。应采用哪种方法进行汇流求解运算，还应该根据研究流域的具体情况进行综合分析。

运动波方程组的解指定了水流的分布是距离和时间的函数，可以通过有限

差分的方法得到数值解，也可以用特征线法得到解析解。它被用来描述坡面降雨径流的汇水过程，这时旁侧入流等于雨强和入渗率的差值，也称为净雨强度，计算的流量是指坡面的单宽流量。

圣维南方程是偏微分方程，一般应该用数值法求解，数值法又分为直接数值法和特征线法。在直接数值法中，可以将原来的偏微分方程化为有限差分方程。有限差分方程代表了未知变量在当前时段和下一时段的时空变化。根据求解方式将有限差分法分为显式差分法和隐式差分法（Chow，1988）。显式差分和隐式差分的最大区别在于显式差分中，未知变量可以沿着一个时间段从一个点到下一个点顺序求出，而隐式差分对于给定时间段的未知变量需同时确定。显式差分法比较简单但是不稳定，在求解过程中需要给定很小的空间和时间步长；显式差分由于每个栅格点的值可以直接求解，是明确的，所以比较方便，但是对于较长时间的洪水运动不是很适合。隐式差分的计算比较复杂，但是对于大的时间步长计算比较稳定，误差很小并且比显式差分计算得快。目前用得较普遍的隐式差分主要是 Preissmann 四点隐式差分格式。

Preissmann 四点偏心格式离散为

$$\begin{cases}\dfrac{\partial q}{\partial x}=\dfrac{\theta}{\Delta x}(q_{j+1}^{n+1}-q_j^{n+1})+\dfrac{1-\theta}{\Delta x}(q_{j+1}^{n}-q_j^{n})\\[2ex]\dfrac{\partial q}{\partial t}=\dfrac{1}{2\Delta t}(q_{j+1}^{n+1}+q_j^{n+1}-q_{j+1}^{n}-q_j^{n})\\[2ex]q=\dfrac{\theta}{2}(q_{j+1}^{n+1}+q_j^{n+1})+\dfrac{1-\theta}{2}(q_{j+1}^{n}+q_j^{n})\end{cases}\tag{4-27}$$

式中：θ 为偏心系数，$0.5<\theta\leqslant 1$；Δx 为空间步长，m；Δt 为时间步长，s。离散后得到的超越方程可结合初始和边界条件由牛顿迭代法求解。

有限差分就是将未知变量的偏微商用差商代替，用时间一距离的平面格网结点来表示，根据初始条件求解下一时刻的节点值。向前差商的形式为

$$\begin{cases}\dfrac{\partial q}{\partial x}=\dfrac{1}{\Delta x}(q_{j+1}^{n}-q_j^{n})\\[2ex]\dfrac{\partial h}{\partial t}=\dfrac{1}{\Delta t}(h_{j+1}^{n}-h_j^{n})\end{cases}\tag{4-28}$$

将 $x-t$ 平面离散成网格时为差分方程组的计算带来了数值误差。如果从当前时刻向下一时刻连续计算时误差没有增大，就说明差分是稳定的。计算的数值稳定性依赖于网格的相对尺寸，当步长 Δx、Δt 趋于零时，差分方程的截断误差也趋于零，其解收敛于微分方程的解。这种显式差分稳定的必要条件称为柯朗条件，表示为

$$\frac{\Delta t}{\Delta x} \leqslant \left| \frac{1}{v \pm \sqrt{g \frac{A}{B}}} \right|_{max} \tag{4-29}$$

式中：v 为流速，m/s；B 为断面宽度，m。柯朗条件表明，时间步长要小于波传播 Δx 距离所需要的时间。

在实际问题中，选用哪种差分格式要根据具体情况综合分析。王纲胜等（2004）提出采用分级汇流的方式进行汇流演算。根据DEM栅格的流向图，建立栅格单元的拓扑关系，并由此对组成流域的栅格进行分级，处于同一级的栅格之间没有水量交换，汇流演算从距离流域出口的最远点开始，这样处理便于考虑上游来水问题。在利用DEM表示的流域地形中根据网格单元水流方向划分栅格等级。定义流域出口断面栅格为一级栅格，根据栅格流向，所有流入第一级栅格的栅格为第二级栅格，流域分水岭处的栅格为第 n 级栅格（李辉，2007）。本次研究采用直接差分进行汇流计算，流速采用曼宁公式计算。对于坡面汇流，水力半径近似等于水深，过水断面宽度等于栅格的宽度，流量为

$$Q = Av = \frac{1}{n} B^{-\frac{2}{3}} S_0^{0.5} A^{\frac{5}{3}} = aA^b \tag{4-30}$$

式中：a、b 为系数，$a = \frac{1}{n} B^{-\frac{2}{3}} S_0^{0.5}$，$b = \frac{5}{3}$。

将连续性方程差分得到

$$\Delta A \Delta x + \Delta Q \Delta t = p \Delta x \Delta t \tag{4-31}$$

$$\Delta A = A_{t+1} - A_t \tag{4-32}$$

$$\Delta Q = Q_{out} - Q_{in} \tag{4-33}$$

式中：Q_{out} 为流出栅格的流量，m^3/s；Q_{in} 为流入栅格的流量，m^3/s。

进行栅格计算时，会有多个栅格流向一个栅格的情况，那么流入栅格的流量是上游所有流入该栅格的流量之和。流出栅格的流量可计算为（叶爱中等，2006）

$$Q_{out} = a \left(\frac{A_{t+1} + A_t}{2} \right)^b \tag{4-34}$$

代入连续方程整理得到

$$A_{t+1} - A_t = \left[Q_{in} - a \left(\frac{A_{t+1} + A_t}{2} \right)^b \right] \frac{\Delta t}{\Delta x} + p \Delta t \tag{4-35}$$

$$f(A_{t+1}) = \left[Q_{in} - a \left(\frac{A_{t+1} + A_t}{2} \right)^b \right] \frac{\Delta t}{\Delta x} + p \Delta t + A_t - A_{t+1} \tag{4-36}$$

$$f'(A_t) = -\frac{ab}{2} \left(\frac{A_{t+1} + A_t}{2} \right)^{b-1} \frac{\Delta t}{\Delta x} - 1 \tag{4-37}$$

采用牛顿迭代法计算断面面积，然后计算流出栅格的流量。

张科利等（2000）通过室内径流冲刷实验研究得出黄土坡面细沟中的曼宁糙率系数变化于0.035～0.071之间，均值为0.0536（表4-13、表4-14）。Hessel等（2003）在黄土高原小流域不同的土地利用不同坡度的坡面上进行了一系列实验得到坡面的曼宁系数值。实验结果表明，曼宁系数可以通过雷诺数估算。不同土地利用方式的曼宁系数不同，而且相同土地利用方式下的曼宁系数在不同时段也不同，实测的工作量很大，本次研究模型中的参数曼宁糙率系数根据文献提供的数据和流域出口的洪水过程数据拟定得到。

表4-13　坡面曼宁糙率系数

地表类型	n	范　围
混凝土或沥青	0.011	0.01～0.13
裸露地	0.01	0.01～0.016
砂砾层	0.02	0.012～0.03
裸露的黏壤土	0.02	0.012～0.03
山区	0.13	0.01～0.32
牧草地	0.45	0.39～0.63
矮草原	0.15	0.1～0.2
休闲地（无残余物覆盖）	0.05	
耕作土壤：		
残余物覆盖小于20%	0.06	
残余物覆盖大于20%	0.17	
小麦	0.125	0.1～0.3
高粱	0.09	0.04～0.11
茂密草地	0.24	
荒草地	0.13	0.1～0.32
林地：		
下层灌木稀疏	0.4	
下层灌木茂密	0.8	

资料来源：Engman，1986；SCS，1986；Temple，1982。

表4-14　沟道的曼宁糙率系数

沟　道　类　型		n
平原区沟道	顺直，无浅滩和水塘	0.025～0.033
	盘绕，有浅滩和水塘	0.033～0.045
	盘绕，有石头和杂草	0.035～0.05
	平缓，杂草多且水池很深	0.05～0.08
	杂草多，水塘深，下层林丛茂密	0.075～0.15

续表

沟 道 类 型		n
河漫滩	低矮草地	0.025～0.035
	高的草地	0.03～0.05
耕作区	休闲地	0.02～0.04
	施肥的垄作地	0.025～0.045
灌丛	稀疏的灌丛有杂草	0.035～0.07
	稀疏灌丛和树	0.035～0.08
	中等到茂密的灌丛	0.045～0.16
林地	茂密的柳树	0.11～0.12
	茂密、笔直的其他林木	0.08～0.12

资料来源：Chow 1959，US Dept. of Transportation 1961。

参 考 文 献

[1] 于维忠. 水文学原理 [M]. 北京：水利电力出版社，1988.

[2] 芮孝芳. 水文学原理 [M]. 北京：中国水利水电出版社，2004.

[3] 王家虎. 分布式水文模型理论与方法研究 [D]. 南京：河海大学，2006.

[4] 金鑫. 黄河中游分布式水沙耦合模型研究 [D]. 南京：河海大学，2007.

[5] Bristow R L，Campbell G S，Papendick R I，et al. Simulation of heat and moisture transfer through a surface residue - soil system [J]. Agriculture and Forestry Meteorology，1986. 36：193 - 214.

[6] Lull H W. Ecological and silvicultural aspects [A]. In Handbook of Applied Hydrology，Chow VT (Ed.) . McGraw - Hill：New York，NY，1964.

[7] Savabi M R，Stott D E. Plant residue impact on rainfall interception [J]. Transactions of the ASAE，1994，37 (4)：1093 - 1098.

[8] Dingman S L. Physical Hydrology. Prentice Hall：Upper Saddle River，NJ. 1998.

[9] Carsel R F，Imhoff J C，Hummel P R，et al. PRZM - 3：a model for predicting pesticide and nitrogen fate in the crop root and unsaturated soil zones：users manual for Release 3D0 [A]. US EPA，Athens，GA. Dingman SL，1994.

[10] Zhang X C，Nearing M K，Miller W P，et al. Modeling interrill sediment delivery [J]. Soil Sci. Soc. Am. J.，1998，62：238 - 444.

[11] Campbell G S，Diaz R. Simplified Soil - Water Balance Models to Predict Crop Transpiration [M]. ICRISAT：Patancheru，India，1988.

[12] Van Dijk A I J M，Bruijnzeel L A. Modelling rainfall interception by vegetation of variable density using an adapted analytical model. Part 1. Model description [J]. Journal of Hydrology，2001a，247：230 - 238.

[13] Van Dijk A I J M，Bruijnzeel L A. Modelling rainfall interception by vegetation of vari-

able density using an adapted analytical model. Part 2. Model validation of a tropical upland mixed cropping system [J]. Journal of Hydrology, 2001b, 247: 239-262.

[14] Kozak J A, Ahuja L R, Green T R et al. Modelling crop canopy and residue rainfall interception effects on soil hydrological components for semi-arid agriculture [J]. Hydrol. Process, 2007, 21, 229-241.

[15] Horton R E. Rainfall interception [J]. Monthly Weather Review, 1919. 47: 603-623.

[16] Merriam R A. A note on interception loss equation [J]. Journal of Geophysics Resources, 1960, 65: 3850-3851.

[17] Aston A R. Rainfall interception by eight small trees [J]. J. Hydrol, 1979, 42: 383-396.

[18] Hoffmann C M, Blomberg M. Estimation of leaf area index of Beta vulgaris L. based on optical remote sensing data [J]. J. Agronomy & Crop Science, 2004, 190: 197-204.

[19] Jiang J J, Chen S Z, Cao S X, et al. Leaf area index retrieval based on canopy reflectance and vegetation index in eastern China [J]. Journal of Geographical Sciences, 2005, 15 (2): 247-254.

[20] Coops N C, Smith M L, Jacobsen K L, et al. Estimation of plant and leaf area index using three techniques in a mature native eucalypt canopy [J]. Austral Ecology, 2004, 29: 332-341.

[21] Toby N Carlson. On the Relation between NDVI, Fractional Vegetation Cover, and Leaf Area Index [J]. Remote sensing of Envirmonment, 1997, 2: 241-250.

[22] Nilson T. A theoretical analysis of the frequency of gaps in plant stands [J]. Agric Meteorol, 1971, 8: 25-38.

[23] 李存军，王纪花，刘良云，等. 基于数字照片特征的小麦覆盖度自动提取研究 [J]. 浙江大学学报（农业与生命科学版），2004，30 (6)：650-656.

[24] 瞿瑛，刘素红，谢云. 植被覆盖度计算机模拟模型与参数敏感性分析 [J]. 作物学报，2008，34 (11)：1964-1969.

[25] Kostiakov, A N. On the dynamics of the coefficients of water percolation in soils [A]. In Sixth Commission, International Society of Soil Science, Part A, 1932: 15-21.

[26] Horton, R E. An approach to ward a physical interpretation of infiltration capacity. Soil Sci. soc. Am. proc. 5, 1940: 399-417.

[27] Mein R G, Larson C L. Modeling infiltration during a steady rain. Water Resources Res., 1973, 9 (2): 384-394.

[28] Chu, S T. Infiltration during an unsteady rain. Water Resources Research 1978, 14 (3): 461-466.

[29] 叶守泽，詹道江合编. 工程水文学 [M]. 北京：中国水利水电出版社，2000：163.

[30] Soil Conservation Service. Hydrology, Supplement A to Sec. 4, Engineering Handbook. USDS-SCS, Washington, DC. 1968.

[31] Malik R S, Butter B S, Analauf R. Water penetration into soils with different textures and initial soil contents [J]. Soil Science, 1987, 144 (6): 389-393.

[32] 谢志清，丁裕国，刘晶森. 不同下垫面条件下土壤含水量时空变化特征的对比分析. 南京气象学院学报，2002，23 (3)：625-632.

[33] 蔡强国，王贵平，陈永宗. 黄土高原小流域侵蚀产沙过程与模拟 [M]. 北京：科学

出版社，1998.

[34] 刘光崧．土壤理化分析与剖面描述［M］. 北京：中国标准出版社，1996.

[35] 芮孝芳. 水文学原理［M］. 北京：中国水利水电出版社，2004.

[36] Chow V T，Maidment D R，Mays L W. Applied hydrology，McGraw - Hill，New York，1988.

[37] Freeze R A，Harlan R L. Blueprint for a physically - based，digitally - simulated hydrologic response model [J]. Journal of hydrology，1969，(9)：237 - 258.

[38] Chow V T. Open - channel hydraulics，McGraw - Hill，New York，1959.

[39] 李炜，徐孝平. 水力学［M］. 武汉：武汉水利电力大学出版社，1999.

[40] Miller J E. Basic concepts of kinematic - wave models [J]. U. S. Geol. Surv. Prof.，1984，1302.

[41] Julien P Y，Saghafian B，Ogden F L. Raster - based hydrologic modeling of spatially - varied surface runoff [J]. Water Resour. Bull，1995，31 (6)：523 - 536.

[42] Ogden F L，Richardson J R，Julien P Y. Similarity in catchment response 2. Moving rainstorms [J]. Water Resources Research，1995，31 (6)：1543 - 1547.

[43] 王纲胜，夏军，牛存稳. 分布式水文模拟汇流方法及应用［J］. 地理研究，2004，23 (2)：175 - 182.

[44] 李辉．基于 DEM 的小流域次降雨土壤侵蚀模型研究与应用［D］. 武汉：武汉大学，2007.

[45] 叶爱中，夏军，王纲胜．基于动力网络的分布式运动波汇流模型［J］. 人民黄河，2006，28 (2)：26 - 28.

[46] 张科利，唐克丽．黄土坡面细沟侵蚀能力的水动力学试验研究［J］. 土壤学报，2000，37 (1)：9 - 15.

[47] Hessel R，Jetten V，Zhang G H. Estimating Manning’s n for steep slopes [J]. Catena，2003，54：77 - 91.

第 5 章

土 壤 侵 蚀 模 型

5.1 土壤侵蚀原理

土壤侵蚀主要是在降雨或地表径流所产生的剪切力作用发生的剥离、搬运、输移和沉积等过程。雨滴击溅或坡面径流作用于土壤的力超过土壤的抗蚀性时，土壤颗粒结构被破坏，土壤颗粒发生分离或脱离母质即称为剥离。当坡面上径流剪切力大于土壤颗粒的抗剪切力时即发生搬运。泥沙输移是指侵蚀土壤被输移到一定位置，如流域出口。径流挟沙力经常用径流剪切力、泥沙粒径、泥沙颗粒容重等之间的关系来确定。当含沙量大于径流挟沙力时，就会发生沉积。影响土壤侵蚀速率的因素包括气候、土壤、地形、植被、土地利用、地表覆盖和土地管理措施或机械扰动等。降雨击溅土壤，径流搬运土壤颗粒，这些过程会使土壤表面产生结皮，入渗率下降，产生地表径流。薄层水流覆盖坡面，没有边界，随着流速增大，水流切割土壤形成细沟。受雨滴击溅和径流的作用力及坡面微地形的影响，坡面侵蚀分为细沟间侵蚀、细沟侵蚀、浅沟侵蚀、切沟侵蚀和沟道侵蚀等部分。

土壤侵蚀是非稳态的，因为一次降雨过程中雨强在整个降雨过程中是不断变化的，每次降雨的特征不同，每次降雨时的下垫面条件不同等，导致每次降雨产生的侵蚀都不同。地形、土壤、土地利用的时空分布差异也导致土壤侵蚀的空间分布变异性。理解土壤侵蚀的最基本原理就是含沙量是受剥离或搬运泥沙的侵蚀营力影响的。随着径流量自坡上而下，含沙量会不断增大，剥离量会因为径流剥离能力小或土壤抗蚀性强而有限，相应的，当含沙量超过径流挟沙力时，输沙力会受限制。当有沟垄种植或凹形坡时，会发生泥沙沉积。径流的总侵蚀力被分为剥离能力和输移能力，当含沙量逐渐增加时，剥离能力会减小，含沙量达到输移能力时，将不再剥离土壤。当含沙量为 0 时，剥离率等于剥离能力。泥沙沉积速率与输沙率和含沙量、流速、水深、泥沙颗粒沉降速度等成比例。

5.2 土壤侵蚀机理研究进展

土壤侵蚀的研究最早始于1877年，德国土壤学家Ewald Wollny用小区观测的方法，研究了坡度、植物覆盖、土壤类型、坡向等对土壤侵蚀的影响（Meyer，1984；Hudson，1995），之后国内外学者对土壤侵蚀规律的研究开展了大量的工作。1912年美国也开始了类似的研究，在犹他州建立了一个10英亩的小区，观测因过度放牧导致的水土流失（Meyer，1984）。紧接着1917年Miller在密苏里农业实验站建立了长90.75英尺（1英尺=0.3048m）、宽6英尺的径流试验小区，积累了大量的基础数据进行土壤侵蚀的定量研究（Miller，1926）。20世纪20—30年代，美国农业部土壤局开始意识到土壤侵蚀对人类的生存构成威胁，在10个土壤侵蚀严重区设置了土壤保持实验站，修建了长72.6英尺、宽6英尺的径流实验小区，为土壤侵蚀研究提供了基础数据。1937年Cook提出了影响土壤侵蚀的3个主要因子，包括土壤可蚀性、含坡度和坡长影响的降雨侵蚀力和植被覆盖因子（Cook，1937），开辟了土壤侵蚀预报的发展道路。1940年Zingg利用小区观测资料首次建立了土壤侵蚀速率与坡度、坡长的定量关系（Zingg，1940）。1941年，Smith在该关系式的基础上，加入了作物因子和水土保持措施因子对侵蚀的影响（Smith，1941）。1947年Browning等研究了土壤可蚀性以及轮作和经营管理因子对土壤侵蚀的影响（Browning等，1947），同年Musgrave综合分析了降雨、坡度、坡长、土壤可蚀性以及植被覆盖对土壤侵蚀的影响，建立了Musgrave方程（Musgrave，1947）。1965年Wischmeier和Smith对国家水土流失资料中心收集到的美国东部地区30个州10 000多个径流小区近30年的观测资料进行统计分析和系统研究，提出了著名的通用土壤流失方程（Universal Soil Loss Equation，USLE）。该方程基本包括了影响坡面土壤流失的主要因素，所用资料范围比较广泛，且统一了侵蚀模型形式，在世界各国被广泛应用。然而，随着人类对土壤侵蚀过程认识的不断深入，对次降雨引起的土壤侵蚀进行预报势在必行，但以年侵蚀资料为基础建立起来的USLE，无法进行次降雨土壤侵蚀的预报（张光辉，2002）。1985年美国政府部门和土壤侵蚀科学家决定对USLE进行修正，并于1997年出版了用户手册RUSLE（Renard等，1991）。在RULSE发展的同时，新一代水蚀预报模型也在发展之中，它就是美国农业部水土保持局组织的10年研究项目——水蚀预报项目（Water Erosion Prediction Project，WEPP）（Laflen等，1991），旨在开发新一代基于土壤侵蚀过程的机理模型，以代替RUSLE经验模型。

根据侵蚀营力和方式的不同，将土壤侵蚀分为雨滴击溅侵蚀、片蚀、细沟侵蚀、浅沟侵蚀和切沟侵蚀等（Hudson，1995）。除雨滴溅蚀是由于雨滴打击和分散作用造成的外，其他侵蚀方式是坡面流的不同形式造成的。

5.2.1 溅蚀研究

土壤侵蚀是一个十分复杂的物理过程，究其动力学过程发现降雨是其产生的主要因素，侵蚀过程是降雨及地表径流与土壤颗粒相互作用的动力学过程。1947年Ellison将土壤侵蚀分为分离和搬运两个基本的侵蚀过程，并通过实验指出不同的土壤在这两个阶段的侵蚀率是不同的（Ellison，1947）。雨滴除了产生溅蚀外，其分离的颗粒导致地表结皮阻滞降水入渗增加了地表径流，此外雨滴动能增加径流紊动性，增强径流的分散和搬运能力（Kinnell，1991）。自Ellison对雨滴作用机制的分析之后，国内外学者对雨滴击溅侵蚀现象及机理进行了大量研究。雨滴特征和能量、降雨强度、降雨侵蚀力等对坡面侵蚀的影响成为土壤侵蚀机制研究的重要内容，为建立有物理基础的坡面侵蚀模型打下良好基础。Mihara（1951）和Free（1960）发现溅蚀直接与降雨动能有关。Bubenzer等（1971）、Meyer（1981）通过大量实验证明雨强和降雨动能与侵蚀力有密切的关系，并建立了雨强与溅蚀的关系式。实验证明，雨强和降雨动能与侵蚀力有密切的关系。Nearing等根据35个实验站的8 250个小区的年记录再次证实侵蚀量与降雨动能密切相关，并发现用降雨动能和最大30 min雨强的复合参数计算得到的侵蚀量更符合实际值（Wischmeier，1958）。事实上，坡面薄层水流和地表结皮对溅蚀量有很大影响，溅蚀量随薄层水流深度的增加而增加，而当薄层水流深度等于雨滴直径时，溅蚀量开始减少（Palmer，1963）。当地表形成结皮时，溅蚀量也会减少（陆兆熊等，1990）。溅蚀可为径流输沙提供丰富的松散物质，但其本身的输运能力很小，一般不考虑（Foster，1982）。

5.2.2 片蚀研究

当降雨满足入渗、填洼等损失后，首先在坡顶段形成薄层或片状水流，并向坡下方汇集。片蚀即坡面薄层水流对土壤的分散和输移过程，其作用的动力是薄层水流，总结现有的片蚀研究不难发现，主要是从坡面薄层水流的流态、水流阻力、坡面流流速、坡面流的基本方程及坡面流侵蚀力几个方面开展的。

Horton（1945）最早对坡面薄层水流进行了研究，认为坡面薄层水流是完全紊流区域上点缀着层流区的混合状态水流，可以用河道水流公式计算。Shen等（1973）试验研究得出，当雷诺数达到900时，坡面流才不再是层流；当雷诺数 $Re<2000$ 时，薄层水流阻力系数 f 随雨强的增加而增大，当雷诺数

$Re \geqslant 2000$ 时，降雨对阻力系数 f 的影响可忽略不计。Moss（1988）研究得出，随着雷诺数的增加，径流从层流过渡到紊流，加上雨滴击溅产生扰动使得片蚀量比层流时相同深度和流速下的片蚀量要大。在紊流的情况下，对于给定的土壤和雨强，侵蚀量与流速直接相关（Moss，1988；Kinnell，1990）。吴普特等（1992）认为坡面流为扰动层流，仍属于层流范畴。吴长文等（1995）认为坡面流是介于层流和紊流之间的一种特殊水流。目前还不能从理论上描述坡面流的阻力规律，为了解决实际问题，作为一种近似仍用二维明渠流的阻力公式，即采用适用于均匀流的 Darcy - Weisbach 阻力系数、谢才系数 C 和曼宁糙度系数 n 来反映坡面流阻力特征。而坡面流的基本方程则采用适用于非恒定渐变流的一维圣维南方程组。由于片蚀的实验观测比较困难，至今人们对雨滴和薄层水流对土壤颗粒作用的认识十分有限。Horton（1945）认为片流侵蚀率取决于径流侵蚀力与土壤抗冲力的相对关系。Foster（1982）认为片蚀主要根源于雨滴对土壤的分离，片蚀过程中的水流对土壤的分离能力很小。Foster等（1975）提出了细沟间侵蚀产沙能力计算公式。Liebenow 等（1990）提出了在 WEPP 模型中采用的细沟间侵蚀量计算模型，认为细沟间侵蚀是细沟间可蚀性、坡度和雨强的函数。美国农业部对模型中细沟间可蚀性参数做了大量实验研究，积累了大量的数据。Bulygin（2001）进一步修正了该模型，将片蚀侵蚀率与雨强、坡面流单宽流量、坡度等因素联系起来提出了片蚀经验模型，并用其计算细沟间侵蚀量。Zhang 等（1998）通过实验分析建立了细沟间侵蚀量与坡度和单位面积输沙率的关系式。根据片蚀的特征，许多学者建立了坡面流输沙能力模型。Rose 等（1983）根据质量守恒原理提出了坡面流输沙的理论模型。Kinnell（1990）研究发现，片蚀与径流速度密切相关，当泥沙颗粒的沉降速度小于径流流速时，泥沙被输移的距离决定于径流流速、颗粒沉降速度和颗粒被抬起的高度。

由于薄层水流的动能小，直接冲刷地表的能力较弱，其作用主要是输移雨滴溅蚀的物质。因而，薄层水流的侵蚀产沙过程与雨滴溅蚀是紧密相连的（李辉，2007）。近年来，很多学者更加趋向于将片蚀与溅蚀结合起来研究，更合理地考虑坡面薄层水流的侵蚀力（Zhang 等，1998；Flanagan 等，2000；Chaplot 等，2003）。

5.2.3 细沟侵蚀的研究

细沟侵蚀是降雨时坡面薄层水流汇集过程中形成线性股流对地面冲刷形成的细小沟状侵蚀（唐克丽，2004）。细沟侵蚀主要指细沟的沟头、沟壁和沟底土壤被细沟中的股流所分离、冲刷和搬运的过程，即细沟的形成和发展过程。大多数研究者已形成共识，认为细沟是指降雨产流过程中形成于坡面的、能为当年犁耕所平复的不规则小沟槽。细沟流与坡面漫流不同，与河渠水流也不一样。细沟沿坡面向下的横断面与纵比降很不规则，而且往往有连续的跌坎，其流动宽深比较小，形态演化较为迅速，导致细沟流的水深、流速、切应力及其他水力要素沿程变化很大，流速较大时或切应力较大时会引起强烈的土壤侵蚀。细沟形成和发展过程对于土壤侵蚀研究具有重要意义，细沟侵蚀的发生取决于坡面流的水力学特性和坡面土壤条件。Meyer 和 Foster 等（1975）认为存在着发生细沟侵蚀的临界流量，并以细沟内流量与细沟发生的临界流量的差值作为变量，建立了计算细沟冲刷量的模型。Rauws 等（1988）发现细沟发生的临界条件可以用有效剪切流速与表层土壤饱和黏滞力之间的线性关系来确定，实验得出 3～5cm/s 的切应流速是细沟发生的水力学临界条件。张科利等（1998）研究得出弗罗得数大于 1 是细沟出现的临界条件，同时还必须满足一定的临界流量值，并根据实验观测给出了临界流量值与坡度的关系。蔡强国（1998）研究得出了细沟发生时土壤抗剪强度和坡度满足的关系式。

当细沟形成后，土壤侵蚀量显著增加，但由于细沟的形成和发展过程具有很强的随机性，且细沟流流态很不稳定，因此细沟侵蚀量的计算还是一个难点。Foster 等（1984）研究认为，细沟流流速沿细沟的分布可假定符合正态分布，其特征可由两个参数均值和标准差描述，并根据非线性回归分析，得到平均流速的表达式。Gilley 等（1990）通过大量的观测资料研究了缓坡地细沟水流的特性，给出了细沟几何形态要素与流速和流量的关系，认为细沟的密度大概为 1 条/m，分析建立了细沟宽度与流量的关系式及侵蚀率与径流量和坡度之间的指数关系。Nearing 等（1991）用变坡水槽模拟了水深、坡度与土壤分离率之间的定量关系，研究发现土壤分离速率与水深、坡度呈对数相关关系，坡度对土壤分离速率的影响明显大于水深。许多学者研究了细沟情况下土壤分离率与径流要素（如流量、坡度、水深和流速）的关系（Govers 等，1990；Zhang 等，2002；Zhang 等，2003）。Nearing 等（1999）在野外条件下研究了土壤分离过程，结果表明用水流功率更能准确地模拟土壤分离过程。张科利等（1998）利用水槽冲刷实验资料建立了土壤侵蚀量与流量和坡度的多元回归关系式。蔡强国（1993）根据实验观测资料得到细沟侵蚀模数与细沟水流侵蚀力和表土抗剪强度的关系。Foster 等（1977）和 Nearing 等（1989）研究指出，只有径流含沙量小于其输沙能力，且坡面流侵蚀力大于土壤抗冲临界切应力时才会有侵蚀产生，认为土壤分离率与坡面流输沙能力和实际输沙率之差成正比。WEPP 模型中根据连续性方程建立了细沟侵蚀模型，并得到广泛应用。

5.3 坡面侵蚀模型

流域土壤侵蚀模型是将一个流域看成由若干个坡面（本书将坡面划分为规则栅格）和沟道组成，根据流域土壤侵蚀特点建立模型，计算单个坡面的土壤侵蚀量，通过汇流汇沙演算计算整个流域的侵蚀产沙量，并根据流域和径流小区观测资料，对模型参数进行拟定，进一步验证模型。流域土壤侵蚀包括坡面侵蚀和沟道侵蚀两部分。根据水流侵蚀的形式不同，将流域侵蚀划分为溅蚀、细沟间侵蚀（片蚀）、细沟侵蚀、浅沟侵蚀、切沟侵蚀和冲沟侵蚀。

Foster 等（1982）根据坡面侵蚀原理和泥沙输移的连续性将坡面降雨径流侵蚀分为两部分：即细沟间侵蚀与细沟侵蚀率。细沟间侵蚀用降雨特征值、地形和土壤可蚀性等表示；细沟侵蚀率则以水流特征值和不同的地形和土壤因素表征，两者之和则是总的坡面降雨径流侵蚀率。细沟间侵蚀包括分离和搬运两个过程，分离几乎都是因为雨滴击溅的影响，虽然把溅蚀与坡面径流侵蚀合并为细沟间侵蚀，模糊了侵蚀过程的差异，但是对建立模型是很有用的，并被很多学者接受进而开展了大量深入的研究。

5.3.1 细沟间侵蚀模型

随着雨滴溅蚀和地表径流的产生，土壤颗粒被薄层水流均匀剥离和搬运的现象称为细沟间侵蚀。细沟间侵蚀是雨滴溅蚀和片蚀综合作用的结果，主要受雨强、土壤可蚀性等因素影响。

Flanagan 等（1995）在 WEPP 模型中认为，细沟间侵蚀是坡度和雨强的函数，用式（5-1）计算细沟间侵蚀，即

$$D_i = k_i S_f I^2 \tag{5-1}$$

式中：D_i 为细沟间单位面积侵蚀量，kg/ms；k_i 为细沟间土壤可蚀性，kg・s/m^4；S_f 为坡度，m/m；I 为雨强，m/s。

在 EUROSEM（Morgan 等，1998）中，根据概化的土壤侵蚀—沉积理论，认为坡面流的挟沙力反映的是侵蚀和沉积两种连续作用相互抵消后的平衡。当径流的输沙率小于地表径流挟沙力时，发生侵蚀；反之发生沉积。考虑了土壤黏聚力的作用，将坡面流侵蚀表示为

$$\mathrm{DF} = \beta w v_s (\mathrm{TC} - C) \tag{5-2}$$

式中：DF 为坡面水流的净分离率，kg/ms，侵蚀时为正，沉积时为负；w 为径流宽，m；β 为水流侵蚀效率系数，与土壤黏聚力有关；TC 为径流挟沙力，kg/m^3；C 为含沙量，kg/m^3；v_s 为泥沙沉降速度，m/s，可用式（5-3）计算（王兴奎，2004），即

$$v_s=-9\frac{\nu}{D}+\sqrt{\left(9\frac{\nu}{D}\right)^2+\frac{\gamma_s-\gamma}{\gamma}gD} \tag{5-3}$$

式中：D 为泥沙粒径，m；ν 为运动黏性系数，m^2/s，一般 $\nu=1.0^{-6}$；γ_s 为泥沙颗粒重度，N/m^3；γ 为水的重度，N/m^3。

Govers 于 1992 年对 Meyer－Peter 公式、Muller 公式、Yalin 公式、Yang 公式和 Low 公式进行验证，认为 Low 从陡坡上的实验数据推导的公式可用于预测坡面流的输沙能力，Low 公式表示为

$$TC=\frac{6.42}{\left(\frac{(\gamma_s-\gamma)}{\gamma}\right)^{0.5}}(\Theta-\Theta_c)\gamma_s DvS_0^{0.6} \tag{5-4}$$

式中：TC 为径流挟沙力，kg/m^3；v 为坡面流平均流速，m/s；S_0 为坡度；Θ 为 Shields 数，根据式（5－5）计算；Θ_c 为临界 Shields 数。

$$\Theta=\frac{\tau}{(\gamma_s-\gamma)D} \tag{5-5}$$

式中：τ 为剪切力，kg/m^{-2}。

水流侵蚀效率系数 β 可看成土壤黏聚力的函数，以用式（5－6）和式（5－7）计算。土壤黏聚力采用饱和条件下的土壤水平剪切实验得到，常见的土壤黏聚力在文献（Morgan，1998）中可以查到，即

$$\beta=0.335 \qquad J\leqslant 1\text{kPa} \tag{5-6}$$

$$\beta=0.79e^{-0.85J} \qquad J>1\text{kPa} \tag{5-7}$$

本次研究中采用 WEPP 模型中用到的细沟间侵蚀模型计算即式（5－1），细沟间土壤可蚀性 k_i 根据文献资料和 WEPP 模型中提供的公式和参考值进行拟定。

5.3.2 细沟侵蚀模型

降雨过程中，坡面微地形的起伏、耕作痕迹、地表糙度及侵蚀过程的发展都可以引起坡面径流的汇集而产生股流。当股流的侵蚀力超过表土的抗侵蚀力时，水流下切坡面在顺水流方向的地表产生细小沟道，称为细沟。Merritt（1984）根据室内实验资料将细沟在坡面上的形成过程分为 4 个阶段，即片流、线性水流发育、隐细沟、有沟头侵蚀的细沟。挟沙力是指径流输移泥沙的最大能力，它是土壤侵蚀物理模型中确定泥沙处于侵蚀或沉积状态的临界值。土壤分离速率是衡量土壤分离快慢的定量参数，它是指径流冲刷作用下，单位时间、单位面积上土壤的流失量（柳玉梅，2008）。细沟侵蚀发生的条件是：具有足够的降雨径流以提供能量即径流侵蚀力大于土壤的抗侵蚀力，且径流的输沙率小于挟沙力。模型在计算时认为所有面积均发生细沟间侵蚀，只有当细沟

侵蚀条件满足时，才发生细沟侵蚀。根据 Gilley（1990）的研究结果认为，细沟的宽和细沟中的水深由流量决定，一旦产生细沟，认为细沟的密度是 1 条/m，且细沟的断面形状假定为矩形。

根据 Foster 的研究结果，细沟的含沙量与径流输沙力直接满足平衡输沙概念，细沟侵蚀量计算方程为

$$D_r = D_c\left(1 - \frac{G}{TC}\right) \tag{5-8}$$

$$D_c = K_r(\tau_f - \tau_c) \tag{5-9}$$

式中：TC 为细沟水流挟沙力，kg/(s·m)；G 为细沟水流含沙量，kg/(s·m)；D_c 为细沟水流的分离能力，kg/(s·m)；τ_c、τ_f 分别为临界剪切力和细沟水流剪切力，Pa；K_r 为细沟土壤可蚀性，s/m。

水流挟沙力 TC 是坡面侵蚀计算的关键变量，Govers（1990）用 5 种不同粒径的石英砂（分别是粉粒和砂粒的粒径）进行实验室水槽实验，坡度在 1.7%～21%的范围内，得到水流挟沙力的公式为

$$TC = Aq^{\beta}S^{\gamma} \tag{5-10}$$

式中：A、β、γ 为系数，见表 5-1；q 为单宽流量，m^2/s；S 为坡度，m/m。

表 5-1　不同模型挟沙力公式中的系数值[a]

模　型	β	γ
ANSWERS	0.5、2.0	1
WEPP	0.9	1.05
LISEM	1.22	0.78
GUEST	1.4	1.3
EUROSEM	0.78	0.73
Landform evolution	0.5	0.5
Landform evolution	2	1
Landform evolution	1.5	2
Landform evolution	1	1

[a] 来源：Prosser，2000。

EUROSEM 中采用 Govers（1990）公式，用单位水流功率来计算挟沙力为

$$w = 100uS \tag{5-11}$$

$$TC = c(w - 0.4)^{\eta} \tag{5-12}$$

$$c = [(d_{50} + 5)/0.32]^{-0.6} \tag{5-13}$$

$$\eta = [(d_{50} + 5)/300]^{0.25} \tag{5-14}$$

式中：w 为单位水流功率，cm/s；d_{50} 为中值粒径，μm；c、η 为系数；S 为坡度，m/m；u 为平均流速，m/s。

Beasley（1982）分析了 Yalin 公式（1963）、Meyer & Wischmeier 公式（1969）、Foster& Meyer 公式（1972）和 Curtis 公式（1976）后提出了挟沙力公式，该公式在 ANSWERS 模型中使用，即

$$\begin{cases} TC=146(Sq^{0.5}) & q\leqslant 0.046\text{m}^2/\text{min} \\ TC=14600\ (Sq^2) & q>0.046\text{m}^2/\text{min} \end{cases} \tag{5-15}$$

式中：S 为坡度；q 为单宽流量，m^2/min。

$$\tau_f=\gamma hJ \tag{5-16}$$

式中：h 为水深，m；J 为水力坡度，近似等于坡面坡度；γ 为水的重度，N/m^3。

WEPP 中挟沙力用式（5-17）计算，即

$$TC=K_t\tau^{1.5} \tag{5-17}$$

式中：K_t 为输移系数，m$^{0.5}$ · s^2/kg$^{0.5}$；τ 为水流剪切力，Pa。

多数水流挟沙力公式都是基于明渠水流运动理论建立的，对于这些公式在坡面流挟沙能力的计算还存在争议。Foster 和 Meyer（1972）及 Alonso（1981）建议采用 Yalin 公式计算。Finkner 等（1989）将 Yalin 公式应用在 WEPP 模型中计算水流挟沙力，Julien 等（1985）比较了 14 个挟沙力公式认为，用于计算沟道紊流的挟沙力公式并不适用于坡面层流的侵蚀计算，并分析了多种流量不同流态情况下的坡面流特征基于三维分析提出了一个挟沙力公式，该公式是坡度、流量、剪切力和雨强的幂函数，他们研究认为影响挟沙力最重要的两个参数是坡度和流量。Guy 等（1987、1992）通过有降雨和没有降雨两种坡面流实验研究了坡面水流的挟沙力，结果表明流量和坡度决定了水流挟沙力，并且雨滴的打击会增加水流的输沙能力。Zhang 等（2009）利用水槽冲刷试验研究得出挟沙力是流量和坡度的函数，水流剪切力和水流功率可以很好地用于预测挟沙力。Prosser 等（2000）指出用于计算水流挟沙力的水力特征值包括水流剪切力、水流功率和单位水流功率、水深或者水力半径、流量和坡度。对于坡面流，地表形态和细沟的断面形状极不规则，水流剪切力、水流功率和单位水流功率都不能直接测得而是通过流量和坡度计算得到，挟沙力的计算最后都可以用流量和坡度表示，因此本次研究选用公式（5-10）计算挟沙力。

细沟产生和发展的动力学过程至今也没有很好地描述，由于细沟侵蚀中存在较多的随机性因素，如细沟的交叉合并、断面形态差异、细沟内水流和泥沙运动在时空上的随机性等，定量地描述细沟侵蚀还需要描述细沟形态和细沟水流动力之间的关系。张科利（2000）通过室内水槽冲刷实验研究得出细沟可蚀性系数为 8.18×10^{-4} s/m，发生细沟侵蚀的临界切应力为 7Pa。Lepold 等

(1953) 研究认为河流断面的水力几何形态可以用建立平均过水断面宽度 B、平均径流深 h 以及平均流速与流量 Q 之间的指数关系描述，该理论也可以用来研究细沟的几何特征（张科利，1999），即

$$B=aQ^{b} \tag{5-18}$$

$$h=cQ^{d} \tag{5-19}$$

$$U=eQ^{m} \tag{5-20}$$

式中：a、b、c、d、e、m 为经验系数。

Lane 等（1980）、Gilley（1990）和 Govers（1992）研究了形成于缓坡条件下的细沟的水力学特征，结果表明经验系数 b 变化于 0.14～0.48 之间，平均为 0.3，m 变化于 0.23～0.39 之间，均值为 0.298，近似为 0.3，$d=0.4$。张科利（1999）研究了黄土坡面上的细沟水力特征，得到

$$B_{r}=0.39Q_{r}^{0.26}J^{-0.026} \tag{5-21}$$

$$h=0.68Q_{r}^{0.48}J^{-0.17} \tag{5-22}$$

$$U=2.12Q_{r}^{0.26}J^{0.25} \tag{5-23}$$

式中：B_r 为细沟过水断面宽度，cm；h 为平均细沟径流深，cm；U 为断面平均径流速度，m/s；Q_r 为细沟径流量，m^3/s；J 为水流能坡，近似等于 $\tan\alpha$，α 为坡度。

Gilley（1990）研究得到细沟的断面宽度与细沟内流量有关，即

$$B=1.13Q^{0.303} \tag{5-24}$$

Govers（1992）提出一个计算细沟内平均流速的经验公式，并认为流速受坡度的影响很小，即

$$U=3.52Q_{r}^{0.294} \tag{5-25}$$

本次研究认为细沟密度为 1 条/m，采用式（5-8）计算细沟侵蚀量，用式（5-10）计算水流挟沙力，式（5-21）、式（5-22）计算细沟尺寸。

WEPP 模型中对一场降雨内的侵蚀过程进行了简化，雨强采用当次降雨过程中产生地表径流时段内的平均雨强，计算水力参数按当次径流过程中的洪峰流量计算，时段长用总径流量除以洪峰流量计算得到，认为土壤侵蚀在该段时间内是恒定过程。

土壤侵蚀依赖于坡面流的产生，坡面上的土壤侵蚀分为细沟侵蚀和细沟间侵蚀，根据质量守恒原理，坡面侵蚀产沙动态过程可用式（5-26）表示，即

$$\frac{\partial hC}{\partial t}+\frac{\partial qC}{\partial x}=\frac{1}{B}(D_{r}+D_{i}) \tag{5-26}$$

式中：C 为含沙量，kg/m^3，D_r 为细沟侵蚀速率，kg/(s·m)；D_i 为细沟间侵蚀速率，kg/(s·m)；B 为过水断面宽度，m。

模型求解时将坡面汇流运动波的求解结果代入汇沙计算模型，结合初始和

边界条件进行坡面汇沙演算。方程求解时同样采用直接差分格式离散求解该方程来求坡面的侵蚀量。求解的边界条件为

$$\begin{cases} C(0,t)=0 \\ C(x,0)=0 \end{cases} \tag{5-27}$$

需要说明的是，将面蚀细分为细沟间侵蚀和细沟侵蚀时，其中的土壤可蚀性参数与一般面蚀时的土壤可蚀性概念不同。土壤可蚀性表示土壤抵抗雨滴和径流分离土壤颗粒的能力，与土壤理化性质有关。土壤性质是影响土壤侵蚀的主要因素之一，进行土壤侵蚀预报时量化土壤对侵蚀的影响必须有一个指标，总结发现基于土壤侵蚀的研究开始于小区观测的方法，演化而来的土壤可蚀性也定义为标准小区单位降雨侵蚀力产生的侵蚀量。Cook 于 1936 年首次提出了土壤可蚀性（Erodibility）这一术语用于表达土壤因素，提出影响土壤侵蚀的 3 个主要因子，包括土壤可蚀性、含坡度和坡长影响的降雨侵蚀力和植被覆盖因子，开辟了土壤侵蚀预报的发展道路（Cook，1936）。1877 年德国土壤学家 Ewald Wollny 用小区观测的方法，研究了坡度、植物覆盖、土壤结构和土壤类型等对土壤侵蚀的影响（Meyer，1984），这也是首次研究土壤性质对土壤侵蚀的影响。Bennett 于 1926 年首次提出土壤侵蚀程度随土壤的不同而变化，测定和比较了土壤质地、土壤结构、有机质含量和化学组成对土壤侵蚀的影响程度，发现土壤硅铁铝率（SiO_2/R_2O_3）与土壤侵蚀间存在明显相关性（Bennett，1926）。Browning 等（1947）研究了土壤可蚀性以及轮作和经营管理因子对土壤侵蚀的影响，同年 Musgrave 综合分析了降雨、坡度、坡长、土壤可蚀性以及植被覆盖对土壤侵蚀的影响，建立了 Musgrave 方程。Olson（1963）分析了大量小区观测资料，提出土壤可蚀性的计算方法，定义为单位降雨侵蚀力在标准小区上引起的土壤流失量，单位是 t・ha・h/(ha・MJ・mm)。美国自然条件的标准小区是指水平投影长为 22.1m，坡度为 9%，保持连续清耕休闲状态的小区，要求经常清除杂草和结皮，确保植被覆盖度不大于 5%，并且实施顺坡上下耕作的小区。小区宽度一般不小于 1.8 m。Wischmeier 等（1965）对国家水土流失资料中心收集到的美国东部地区 30 个州 10 000 多个径流小区近 30 年的观测资料进行统计分析和系统研究，提出了通用土壤流失方程（Universal Soil Loss Equation，USLE）。土壤可蚀性 K 值是 USLE 中的一个重要参数，它指土壤被雨滴和径流分离的难易程度。在 USLE 中应用土壤可蚀性因子，需要测定降雨侵蚀力和土壤侵蚀量后才能计算土壤可蚀性。为了在无资料地区应用通用土壤流失方程，必须建立利用常规土壤普查资料计算 K 值的模型。Wishmeier 等分析计算了土壤理化性质与可蚀性的关系，最终提出包括 5 个影响因子的可蚀性计算公式，并绘制成可蚀性因子诺谟图。

我国学者最初从土壤抵抗径流冲刷作用方面研究土壤性质对土壤侵蚀的影

响，如朱显谟提出的抗蚀性和抗冲性，但是都没有直接与土壤侵蚀量的计算联系起来，20 世纪 90 年代我国学者开始将 USLE 应用于中国的土壤可蚀性研究并取得很多成果。总结发现我国对于土壤可蚀性的研究主要采用小区实测法、诺谟图法和 EPIC 计算公式 3 种方法。由于实测法采用的小区尺寸不一，测得的可蚀性 K 值没有可比性。杨子生通过对 31 个实验小区连续 3 年实测数据统计分析，采用实测法和诺谟方程法得到红壤、黄壤和紫色土的 K 值，发现诺谟方程不能直接用于计算可蚀性值并对诺谟方程进行了修正。史学正（1995）用在水平投影面积为 $12m^2$ 微小区的人工降雨实验资料计算了江西红壤区不同土壤类型的可蚀性因子值，并与诺谟图计算值对比发现该地区多数土壤类型不能直接用诺谟图方法估算可蚀性因子值。张科利（2007）根据野外观测资料研究了我国不同水土流失区的土壤可蚀性值问题，并与国外的可蚀性估算模型比较发现，诺谟公式和 EPIC 计算公式的计算值远远大于实测值，但是计算值与实测值之间存在良好的线性关系。诺谟方程需要土壤结构等级和渗透等级等参数，实际获得比较困难，EPIC 公式中需要土壤质地和有机碳含量，由于这些参数容易获得而被广泛应用。

土壤可蚀性的研究包括理化性质测定法、仪器测定法、小区测定法、数学模型和图解法以及水动力学模型实验求解法等 5 种方法。刘宝元研究指出小区测定法能直接测定出一定降雨侵蚀力下的土壤侵蚀量，能真正说明土壤对侵蚀动力的敏感程度，可直接用于侵蚀量预报，是测定土壤可蚀性的标准方法。目前国内外对于标准小区的定义存在差异，国内研究可蚀性采用的小区尺寸大小不一，土壤可蚀性 K 值没有比较的基础，张科利通过统计我国黄河流域和其他地区共 20 多个站点的小区资料，发现我国小区资料的坡度在 0°～39°之间，40%左右的小区坡度在 10°～20°之间，所以建议取 15°作为标准小区的坡度标准来获得最多的小区资料。孔亚平（2005）根据人工降雨实验资料和收集到的其他野外小区观测资料分析得到，坡长较短时土壤可蚀性随坡长的增加而增大，坡长大于 15m 时，K 值变化相对趋于稳定。刘宝元研究指出我国的标准小区可选定为坡度 15°、20m 坡长、5m 宽清耕休闲地，小区每年按传统方法准备成苗床，每年春天翻耕 15～20 cm 深，并按当地习惯中耕，一般中耕 3～5 次，保持没有明显杂草生长（覆盖度小于 5%）或结皮形成普通耕作条件下的裸露直行坡观测小区为宜。由于我国已有的小区资料因小区尺寸不同使得可蚀性值没有可比性，需要研究标准小区与微小区之间的关系，将已有的小区资料转化为标准小区的数据资料进行土壤可蚀性对比研究和侵蚀量预报。已有研究认为，诺谟方程不能直接用于计算我国土壤的可蚀性值，需要建立诺谟方程的计算值与实测值之间的关系式；或在积累大量实测资料的基础上建立我国自己的诺谟图；对于 EPIC 公式的适用性研究还比较少，EPIC 公式由于参数少和容易获得而被广泛应用，需要在积累大量实测资料的基础上建立实测值与EPIC公式计算值之间的关系式或建立我国的土壤可蚀性预测公式。

土壤可蚀性的大小反映了土壤抵抗雨滴对土壤表面的击溅力和细沟水流对土块的剪切力。在一般经验模型中很少将二者分开研究，但是WEPP模型中将坡面侵蚀细分为细沟间侵蚀和细沟侵蚀，将坡面土壤可蚀性分为细沟间可蚀性、细沟可蚀性。细沟可蚀性和临界剪切力衡量土壤对细沟流侵蚀力的抵抗程度，细沟间土壤可蚀性表示土壤对雨滴击溅和片流侵蚀的敏感性。将面蚀细分为细沟间侵蚀和细沟侵蚀有助于准确预报坡面土壤侵蚀，这是因为当细沟产生后侵蚀量急剧增加，黄土地区细沟侵蚀产沙量占坡面侵蚀的70%。细沟间侵蚀被概化为向集中水流的沟道输沙的过程，细沟间向细沟的输沙率被认为与降雨强度和细沟间径流率的乘积成正比，比例系数就是细沟间土壤可蚀性。Romero（2007）根据人工细沟上进行的人工降雨实验数据分析得到粉粒和极细砂含量预测细沟间土壤可蚀性的公式，用黏粒、极细砂和有机质含量计算细沟土壤可蚀性。观测到的细沟土壤可蚀性值变化于0.0003～0.019s/m之间，最小值出现在黏粒含量为36%的土壤，最大值出现在砂粒含量为70%而黏粒含量只有10%的土壤。Gilley（1990）采用人工降雨实验研究细沟产生的临界剪切力和临界流速，通过分析剪切力与土壤分离率之间的线性关系，得到该直线的斜率为细沟土壤可蚀性，直线与y轴的交点为细沟产生的临界剪切力，并通过回归分析得到两组不同黏粒含量土壤的临界剪切力与土壤性质的关系式和不同含水量情况下土壤可蚀性与土壤性质的关系式。Merten（2001）研究水流含沙量对土壤分离率的影响发现，分离率和沉积量的减少与水流含沙量的增加呈线性关系，泥沙覆盖在土层上面比水流紊动强度对分离率的减少影响更大。Huang（1996）研究指出粉壤土和砂壤土细沟上部的产沙量受土壤性质影响，而细沟下部的产沙量受水流挟沙力影响。应用WEPP模型程序时，对于农地，输入的土壤可蚀性基值代表的是无作物残渣覆盖、刚耕作过的土壤状况；对于草地，输入的土壤可蚀性基值代表的是无残余覆盖的草地状况。模型中，用一组公式计算出农地和牧草地上细沟间和细沟的土壤可蚀性基值，公式中包含有效降雨强度、细沟间径流率、泥沙输移率根据冠层、地表覆盖、根系、结皮、冻融、残茬等具体条件进行调整；计算基值时考虑的指标主要有机械组成、有机质含量、含水量、容重及植物根系等。这两个参数可以根据地表覆盖、土地整理等情况进行调整。Elliot根据1987年和1988年两年的田间试验结果推出砂土和黏土情况下土壤可蚀性的计算公式，并应用在WEPP模型中。模型里给出的农地和草地不同土壤性质状况下的土壤可蚀性和临界剪切力计算公式介绍如下。

对于农地，土壤中砂粒含量超过30%时，土壤可蚀性用式（5－28）、式

(5-29)、式 (5-30) 计算，即

$$K_i=2728000+192100VFS \tag{5-28}$$

$$K_r=0.00197+0.00030VFS+0.03863EXP(-1.84ORGMAT) \tag{5-29}$$

$$\tau_c=2.67+0.065CLAY-0.058VFS \tag{5-30}$$

式中：VFS为极细砂含量,%；ORGMAT为表层土壤中有机质含量,%（且假定有机质含量是有机碳含量的1.724倍）；CLAY为黏粒含量,%。应用这些公式时，极细砂含量不得大于40%，当其大于40%时，统一采用40%，有机质含量必须大于0.35%，当有机质含量小于0.35%时，统一采用0.35%，黏粒含量必须小于40%，当黏粒含量大于40%时，统一采用40%。

对于土壤中砂粒含量小于30%的农地，土壤可蚀性采用以下公式计算，即

$$K_i=6054000-55130CLAY \tag{5-31}$$

$$K_r=0.0069+0.134EXP(-0.20CLAY) \tag{5-32}$$

$$\tau_c=3.5 \tag{5-33}$$

式中参数含义与上面相同。应用公式（5-31）和式（5-32）时，土壤黏粒含量不得小于10%，当土壤黏粒含量小于10%时，统一在公式中赋值10%。

用于建模的试验土壤参数列于表5-2、表5-3中。

表5-2　农地土壤质地范围

类别	高砂粒含量土壤	低砂粒含量土壤
黏粒含量	3%～40%	11%～53%
粉粒含量	5%～44%	38%～78%
极细砂含量	4%～39%	1%～19%
有机质含量	0.35%～5.6%	1.2%～3.3%

表5-3　用于率定土壤侵蚀参数基值的土壤性质平均值

质地	土样数量	细沟间可蚀性 K_i/(kg·s/m^4)	细沟可蚀性 K_r/(s/m)	土壤临界剪切力/Pa	黏粒含量/%	粉粒含量/%	砂粒含量/%	极细砂含量/%	有机质含量/%
黏壤土	3	4315290	0.0048	4.7	33.2	29.6	37.2	8.1	1.9
壤土	9	5434716	0.0085	3.3	19.7	35.2	45.3	14.7	2.9
砂土	3	5641494	0.0248	2.1	4.5	8	87.5	16.9	0.5
砂壤土	7	4974960	0.0102	2.5	12.4	19	68.6	10.2	1.2

续表

质地	土样数量	细沟间可蚀性 K_i/(kg·s/m^4)	细沟可蚀性 K_r/(s/m)	土壤临界剪切力/Pa	黏粒含量/%	粉粒含量/%	砂粒含量/%	极细砂含量/%	有机质含量/%
粉壤土	9	5083455	0.0121	3.5	18.1	70.7	11.1	7.3	2.1
黏土	1	2154983	0.0089	2.9	53.1	38.3	8.6	4.5	2.4
粉黏土	1	4475042	0.0117	4.8	49.5	40.9	9.6	7.3	2.6
粉黏壤土	1	3409795	0.0053	3.2	39.8	55.4	4.8	4.6	3.3

试验获得的农地细沟间土壤可蚀性变化于200 0000～1100 0000kg·s/m^{4}之间，细沟土壤可蚀性变化于0.002～0.045s/m之间，临界剪切力变化于1～6N/m^{2}之间。

对于草地，可蚀性基值采用以下公式计算，即

$$K_i = 1810000 - 19100SAND - 63270ORGMAT - 846000\theta_{fc} \quad (5-34)$$

$$K_r = [0.000024CLAY - 0.000088ORGMAT - 0.00088BD_{dry} - 0.00048ROOT_{10}] + 0.0017 \quad (5-35)$$

$$\tau_c = 3.23 - 0.056SAND - 0.244ORGMAT + 0.9BD_{dry} \quad (5-36)$$

式中：θ_{fc}为土壤在0.033MPa下的体积含水量，m^3/m^3；BD_{dry}为干土容重，g/cm^3；$ROOT_{10}$为在10cm土层内的根系重量，kg/m^2。当应用这3个公式计算草地土壤侵蚀参数时，可能会出现负值，出现这种情况时，采用建议范围内的参数值，细沟间土壤可蚀性K_i的范围在10000～2000000kg·s/m^{4}内；细沟土壤可蚀性K_r的范围在0.0001～0.0006s/m之间，临界剪切力在1.5～6.0N/m^{2}之间。

5.4 沟道侵蚀模型

流域的沟底有一条切沟，形态随年降雨的多少变化，只有在流域出口几十米处有一条形态固定的出口沟道。

切沟侵蚀研究始于20世纪30年代，早期切沟侵蚀的研究集中在对切沟形态的描述及切沟发展阶段的划分（郑粉莉等，2008）。对切沟侵蚀的定量研究始于20世纪70年代，研究内容主要包括切沟发展阶段划分、切沟发展的主要方式、切沟侵蚀量测技术、切沟侵蚀影响因素和侵蚀预报模型等方面。由于切沟发育活跃期是流域重要的侵蚀产沙方式之一，近年逐渐成为研究热点。景可（1986）研究认为切沟的发展方式主要是沟头的溯源侵蚀，沟坡的横向侵蚀发展（如泄流、崩塌和滑坡）和垂向下切侵蚀。切沟侵蚀研究方法主要有野外观测、地形测量、地面立体摄影测量、遥感手段、数字地形模型和计算机模拟

等。切沟侵蚀的影响因素主要有自然因素（如流域面积、降雨、径流、汇水面积、坡度、坡长、地形、地面物质组成、土层厚度及地下水水位、植被等）和人为因素（如土地利用和耕作措施等）；定量研究主要包括沟头提取与分布、切沟不同阶段形态参数（如切沟长度、平均深度、平均宽度和占地面积等）和切沟侵蚀量的研究（张新和等，2007）。

切沟侵蚀的预报模型主要有 Sidorchuk 等在 1998 年建立的模拟切沟发展第一阶段的三维水力学模型，该模型可以输出沟深、沟宽和沟的体积，沟长需要事先指定。1999 年 Sidorchuk 又提出了动态切沟模型和静态切沟模型。动态切沟模型基于物质守恒和沟床形变方程的方法可以模拟切沟发展第一时期的切沟形态快速变化；静态切沟模型基于切沟最终形态平衡的设想计算最终稳定切沟形态参数。静态切沟模型认为切沟的稳定性与沟底的侵蚀和沉积之间以一种微弱的比率相联系，认为径流速度低于侵蚀初期的开始值大于流水冲刷搬运泥沙的临界速度。

切沟侵蚀常常伴随重力侵蚀，而重力侵蚀的发生具有很大的不确定性，产沙量较难测定，加上切沟沟坡与沟槽、切沟以上的山坡和切沟本身之间的关系等，基于过程观测的切沟侵蚀预报是很复杂的（伍永秋等，2000），通常用统计方法来计算切沟侵蚀。受切沟侵蚀过程定量化研究的限制，本次研究在计算沟底的侵蚀时用坡面侵蚀计算的方法计算，根据土地利用调查结果和地形汇流条件设定沟道的栅格。

参 考 文 献

[1] Meyer L D. Evaluation of the universal soil loss equation [J]. Journal of Soil and Water Conservation, 1984, 39: 99 - 104.

[2] Hudson N W. Soil Conservation [M]. Iowa: Iowa State University Press, 1995, 26 - 185.

[3] Miller M F. Waste through soil erosion [J]. J. Am. Soc. Agron, 1926, 18: 153 - 160.

[4] Cook H L. The nature and controlling variables of the water erosion process [J]. Soil Science Society America Journal, 1937, 1: 487 - 494.

[5] Zingg A W. Degree and length of land slope as it affects soil loss in runoff [J]. Agricultural engineering, 1940, 21 (2): 59 - 64.

[6] Smith D D. Interpretation of soil conservation data for field use [J]. Agricultural Engineering, 1941, 22: 173 - 175.

[7] Browning G M, Parish C L, Glass J A. A method for determining the use and limitation of rotation and conservation practices in control of soil erosion in Iowa [J]. Journal of the American Society of Agronomy, 1947, 39: 65 - 73.

[8] Musgrave G W. The quantitative Evaluation of factors in water erosion—a first approximation [J]. J. Soil and Water Conservation, 1947, 2 (3): 133 - 138.

[9] 张光辉. 土壤侵蚀模型研究进展与展望 [J]. 水科学进展，2002，13 (3)：389-396.
[10] Renard K G，Foster G R，Weesies G A，et al. RUSLE-Revised Universal Soil Loss Equation [J]. Journal of Soil and Water Conservation，1991，46 (1)：30-33.
[11] Laflen J M，Lane L J，Foster G R. WEPP-A new generation of erosion prediction technology [J]. Journal of Soil and Water Conservation，1991，46 (1)：34-38.
[12] Ellison W D. Soil erosion studies [J]. Agricultural Engineering，1947，28 (4)：145-146.
[13] Kinnell P I A. The effect of flow depth on erosion by raindrops impacting shallow flow [J]. Transactions of the Association of Agricultural Engineers，1991，34 (1)：161-168.
[14] Mihara Y. Raindrops and soil erosion [R]. Bulletin of natural institute of agricultural science series A，1951，1.
[15] Free G R. Erosion characteristics of rainfall [J]. Agricultural Engineering，1960，41 (7)：447-449，496.
[16] Bubenzer G D，Jones B A. Drop size and impact velocity effects on the detachment of soils under simulated rainfall [J]. Transactions of American Society of Agricultural Engineers，1971，14 (4)：625-628.
[17] Meyer L D. How rain intensity affects interrill erosion [J]. Transactions of the American Society of Agricultural Engineers，1981，24 (6)：1472-1475.
[18] Wischmeier W H，Smith D D，Uhland R E. Evaluation of factors in the soil loss equation [J]. Agricultural Engineering，1958，39 (8)：458.
[19] Palmer R S. The influence of a thin water layer on water drop impact force. Inter. Assoc. Hydrol. Pub.，1963 (65)：141-148.
[20] 陆兆熊，蔡强国. 黄土的表土结皮强度和溅蚀试验研究. 晋西黄土高原土壤侵蚀规律实验研究文集 [C]. 北京：水利电力出版社，1990.
[21] Foster G R. Modeling the erosion process [M]. In C. T. Haan，H. P. Jannson，and D. L. Brakensick (ed). Hydrologic modeling of small watersheds，AnASAE monograph. No. 5，ASAE. St Joseph. Michigan，1982：297-380.
[22] Horton R E. Erosional development of streams and their drainage basins，hydrological approach to quantitative morphology [A]. Bull. Geo. Soc. Am.，1945，56：275-370.
[23] Shen H W，Li R W. Rainfall effect on sheet flow over smooth surface [J]. Hydr. ASAE，1973，99 (5)：771-792.
[24] Moss A J. The effects of flow-velocity variations on rain-driven transportation and the role of rain impact in the movement of solids [J]. Aust. J. Soil Res，1988，26，443-450.
[25] Kinnell P. Modeling erosion by rain-impacted flow [M]. In：Bryan，R. B. Ed.，Soil Erosion，Experiments and Models. Catena Supplement，1990，17：55-66.
[26] 吴普特，周佩华. 坡面薄层水流流动形态与侵蚀搬运方式的研究 [J]. 水土保持学报，1992，6 (1)：16-24、39.
[27] 吴长文，徐宁娟. 林地坡面的水动力学特性及其阻延地表径流的研究 [J]. 水土保持学报，1995，9 (2)：32-38.
[28] Foster G R，Meyer L D. Mathematical simulation of upland erosion by fundamental erosion mechanics [J]. Agricultural Research Service，USDA，1975：190-207.

[29] Liebenow A M, Elliot W J, Laflen J M, et al. Interrill Erodibility: Collection and Analysis of Data from Cropland Soils [J]. Transactions of the ASAE, 1990, 33: 1882-1888.

[30] Bulygin S Y. Challenges and approaches for WEPP interrill erodibility measurements in the Ukranie [C]. Proceeding of soil erosion for the 21st century international symposium. Honolulu, Hawaii, ASAE, St Joseph, MI, USA, 2001: 506-509.

[31] Zhang X C, Nearing M K, Miller W P, et al. Modeling interrill sediment delivery [J]. Soil Sci. Soc. Am. J., 1998, 62: 238-444.

[32] Rose C W, Williams J R, Sander G C, et al. A mathematical model of soil erosion and deposition processes. I: Theory for a plane land element [J]. Soil Sci. Soc. Am. J., 1983, 47: 991-995.

[33] 李辉. 基于DEM的小流域次降雨土壤侵蚀模型研究与应用 [D]. 武汉：武汉大学，2007.

[34] Zhang L, Dawes W. WAVES: an integrated energy and water balance model [J]. CSIRO Land and Water Technical Report No. 31/98, Canberra, Australia, 1998.

[35] Flanagan D C, Nearing M A. Sediment particle sorting on hillslope profiles in the WEPP model [J]. Trans. ASAE, 2000, 43 (3): 573-583.

[36] Chaplot V A M, Bissonnais Y L. Runoff features for interrill erosion at different rainfall intensities, slope lengths, and gradients in an agricultural loessial hillslope [J]. Soil Science Society of American Journal, 2003, 67: 844-851.

[37] 唐克丽. 中国水土保持 [M]. 北京：科学出版社，2004.

[38] Meyer L D, Foster G R, Romkens M J M. Source of soil eroded by water from upland slopes [A]. In: Present and prospective technology for prediction sediment yield and sources. Proc. Sediment Yield Workshop, USDA Sedimentation Lab., Oxford, MS. Agric. Res. Service ARS-S-40, 1975: 77-189.

[39] Rauws G, Govers G. Hydraulic and soil mechanical aspects of rill generation on agricultural soils [J]. J. of Soil Sciences, 1988, 39: 111-124.

[40] 张科利，秋吉康宏. 坡面细沟侵蚀发生的临界水力条件研究 [J]. 土壤侵蚀与水土保持学报，1998，4 (1)：41-46.

[41] 蔡强国. 坡面细沟发生临界条件研究 [J]. 泥沙研究，1998 (1)：52-59.

[42] Foster G R, Huggins L F, Meyer L D. A laboratory study of rill hydraulics: Ⅰ. Velocity relationships [J]. Trans. Of ASAE, 1984, 27: 790-796.

[43] Foster G R, Huggins L F, Meyer L D. A laboratory study of rill hydraulics: Ⅱ. Velocity relationships [J]. Trans. Of ASAE, 1984, 27: 797-804.

[44] Gilley J E, Kittwitz E R, Simanton J R. Hydraulic characteristics of rills [J]. Transactions of the American Society of Agricultural Engineers, 1990, 33: 1900-1906.

[45] Nearing M A, Bradford J M, Parker S C. Soil detachment by shallow flow at low slopes [J]. Soil Sci. Soc. Am. J., 1991, 55 (2): 339-344.

[46] Govers G, Everaert W, Poesen J, et al. A long flume study of the dynamic factors affecting the resistance of a loamy soil to concentrated flow erosion [J]. Earth Surf. Proc. Landforms, 1990, 15 (4): 313-328.

[47] Zhang G H, Liu B Y, Liu G B, et al. Detachment of undisturbed soil by shallow flow [J]. Soil Science Society of American Journal, 2003. 67: 713 - 719.

[48] Zhang G H, Liu B Y, Nearing M A, et al. Soil detachment by shallow flow [J]. Transactions of the ASAE 45 (2), 2002: 361 - 357.

[49] Nearing M A, Simanton J R, Norton L D, et al. Soil erosion by surface water flow on a stony, semiarid hillslope [J]. Earth Surf. Proc. Landforms, 1999, 24 (8): 677 - 686.

[50] Foster G R, Meyer L D. A closed - form soil erosion equation derived from basic erosion principles. Trans. of ASAE, 1977, 20 (4): 678 - 682.

[51] Nearing M A, Foster G R, Lane L J. A process - based soil erosion model for USDA - water erosion prediction project technology [J]. Trans. of ASAE, 1989, 32 (5): 1587 - 1593.

[52] Foster G R. Modeling the erosion process [M]. In: Haan C T. Hydrologic modeling of small watershed. ASAE. Monograph, 1982, 5: 297 - 379.

[53] Flanagan D C, Nearing M A. USDA - Water erosion prediction project hillslope profile and watershed model documentation [M]. NSERL Report No. 10, 1995.

[54] Morgan R P C, Quinton J N, Smith R E, et al. The European Soil Erosion Model (EUROSEM): A dynamic approach for predicting sediment transport from field and small catchments [J]. Earth Surface Processes and Landforms, 1998, 23 (6): 527 - 544.

[55] 王兴奎，邵学军，王光谦，吴保生，等，河流动力学[M]. 北京：科学出版社，2004.

[56] Govers G. Evaluation of transport capacity formulae for overland flow [M]. In A. J. Parsons and A. D. Abrahams (ed.) Overland flow: Hydraulics and erosion mechanics. UCL Press, London, 1992: 243 - 273.

[57] Bennett H H. Some comparisons of the properties of humid - tropical and humid - temperate American soils; with special reference to indicated relations between chemical composition and physical properties [J]. Soil Science, 1926, 21: 349 - 375.

[58] Browning G M, Parish C L, Glass J A. A method for determining the use and limitation of rotation and conservation practices in control of soil erosion in Iowa [J]. Journal of the American Society of Agronomy. 1947, 39: 65 - 73.

[59] 柳玉梅，张光辉，韩艳峰. 坡面流土壤分离速率与输沙率耦合关系研究 [J]. 水土保持学报，2008，22 (3)：24 - 28.

[60] Beasley D B, Huggins L F. ANSWERS user's manual [A]. Dep. of Agric. Eng. , Purdue Univ. , West Lafayette, 1982.

[61] Foster G R, Meyer L D. Transport of soil particles by shallow flow. Transactions the ASAE, 1972, 15 (1): 99 - 102.

[62] Alonso C V, Neibling W H, Foster G R. Estimating sediment transport capacity in watershed modeling [J]. Trans of the ASAE, 1981, 24 (5): 1211 - 1220.

[63] Finkner S C, Nearing M A, Foster G R, et al. A simplified equation for modeling sediment transport capacity [J]. Trans. ASAE. 1989, 32 (5): 1545 - 1550.

[64] Julien P Y, Simons D B. Sediment transport capacity of overland flow. Trans of ASAE, 1985, 28 (3): 755 - 762.

[65] Guy B T, Dickinson W T, Rudra R P. The roles of rainfall and runoff in the sediment transport capacity of interrill flow [J]. Transcations of the ASAE, 1987, 30 (5):

1378 - 1386.

[66] Guy B T, Dickinson W T, Rudra R P, et al. Evaluation of fluvial sediment transport equations for overland flow [J]. Transcations of the ASAE, 1992, 35 (2): 545 - 555.

[67] Zhang G H, Liu Y M, Zhang X C, et al. Sediment transport and soil detachment on steep slopes: transport capacity estimation [J]. soil physics, 2009, 73 (4): 1 - 9.

[68] Prosser I P, Rustomji P. Sediment transport capacity relations for overland flow. Progress in Physical Geography, 2000, 24, 2: 179 - 193.

[69] 张科利，唐克丽. 黄土坡面细沟侵蚀能力的水动力学试验研究 [J]. 土壤学报，2000，37 (1): 9 - 15.

[70] 张科利. 黄土坡面发育的细沟水动力学特征的研究 [J]. 泥沙研究，1999，10 (1): 56 - 61.

[71] Lane L J, Foster G R. Concertrated flow relationships, in Knisel, W. CREAMS, A field - scale model for chemicals, runoff, and erosion from agricultural management systems [A]. U. S. Department of Agriculture, Conservation Research Report, 1980, 26, 474 - 485.

[72] Govers R. Relationship between discharge, velocity, and flow area for rills eroding in loose, non - layered materials [J]. Earth Surface Processes and Landforms, 1992, 17: 515 - 528.

[73] Olson T C, Wischmeier W H. Soil erodibility evaluations for soils on the runoff and erosion stations [J]. Soil Sci. Am. Proc. 1963. 27: 590 - 592.

[74] Wischmeier W H, Smith D D. Predicting rainfall erosion losses from cropland east of the Rocky Mountains [M]. USDA Agric. Handbook. No. 292. 1965.

[75] 史学正，于东升，吕喜玺. 用人工模拟降雨仪研究我国亚热带土壤的可蚀性，水土保持学报，1995，9 (3): 38 - 42.

[76] 张科利，彭文英，杨红丽. 中国土壤可蚀性值及其估算 [J]. 土壤学报，2007，44 (1): 7 - 13.

[77] 刘宝元，张科利，焦菊英. 土壤可蚀性及其在侵蚀预报中的应用 [J]. 自然资源学报，1999，14 (4): 345 - 350.

[78] 孔亚平，张科利，杨红丽. 土壤可蚀性模拟研究中的坡长选的问题 [J]. 地理科学，2005，25 (3): 374 - 378.

[79] Merten G H, Nearing M A, Borges A O. Effect of sediment load on soil detachment and deposition in rills [J]. Soil Science Society of America Journal. 2001. 65 (3): 861 -868.

[80] Huang C J, Bradford M, Laflen J. Evaluation of the detachment transport coupling concept in the WEPP rill erosion equation [J]. Soil Science Society of America Journal. 1996. 60: 734 - 739.

[81] 郑粉莉，江忠善，高学田. 水蚀过程与预报模型 [M]. 北京：科学出版社，2008.

[82] 景可. 黄土高原沟谷侵蚀研究 [J]. 地理科学，1986，6 (4): 340 - 347.

[83] 张新和，郑粉莉，李靖. 切沟侵蚀研究现状与存在问题分析 [J]. 水土保持研究，2007，14 (4): 31 - 33.

[84] Sidorchuk A, Sidorchuk Anna. Model for estimating gully morphology [J]. IAHS

publication，1998：333 - 343.

[85] Sidorchuk A. Dynamic and static models of gully erosion [J]. Catena，1999，37 (3 - 4)：401 - 414.

[86] 伍永秋，刘宝元. 切沟、切沟侵蚀与预报 [J]. 应用基础与工程科学学报，2000，8 (2)：134 - 142.

第6章 小流域土壤侵蚀模型的应用

6.1 小流域概况

研究小流域位于黑龙江省九三农垦分局鹤山农场。鹤山农场地处黑河地区南部，嫩江县与讷河市北部边缘的交界处。鹤北小流域位于鹤山农场场部东北方向，地理位置为北纬48°59′3.37″～49°02′35.7″、东经125°15′45.71″～125°20′46.79″，流域面积为27.6km²。

研究区为寒温带大陆性季风气候，温差很大。1月平均气温为－22.5℃，7月平均气温为20.80℃，年均差43.3℃。全年降水量为500～550mm，根据鹤山农场气象站自建站之初1972年到2003年的降水资料，多年平均降水量为534mm，降雨集中于6—9月，多年平均为319.7mm，占全年降水量的66.6%。冬季降雪大约从11月开始至次年2月，全年降雪量为14～15mm，占全年降水量的3.5%，稳定积雪期平均在120～130天。冬季由于严寒，土壤冻结可深达1.5～2.0m，如果从地面最初冻结到开始冻融算起，冻结时间多达120～200天。3月底气温开始回升，积雪融化，产生融雪径流，此时耕地裸露，加之春季风大，是土壤容易遭受侵蚀的时期。无霜期从5月下旬开始到9月中旬结束，为110～120天。作物为一年一熟制，主要种植大豆、春小麦和玉米。

鹤山农场大部分土地已被开垦利用，土地利用主要包括耕地、林地和草地。耕地面积占土地总面积的67%，坡度平缓、坡长较大，采用机耕方式，旱作为主；林地占总面积的12%，主要包括田间防护林和天然林，天然林树种主要是榛柴、樟子松和落叶松；草地面积占总面积的11%。

鹤北小流域地处大兴安岭东麓向嫩江平原过渡的山麓洪积冲积平原，地形呈波状起伏，属丘陵漫岗地带，地形起伏大，流域相对高差约80 m。沉积物主要为第三纪和第四纪的砂砾及黏土层，一般呈黄色或红色。流域主沟道长度为7827.0m，有9条支沟，形成一沟一岗地貌，其中主沟道以西有4条支沟，由南至北小流域编号依次为1、2、3、4号；沟道以东有5条支沟，由北至南编号为5、6、7、8、9号（图6-1）。主要土壤类型为黑土，主要农作物为大豆、春小麦和玉米，生长季较短，一年一熟。

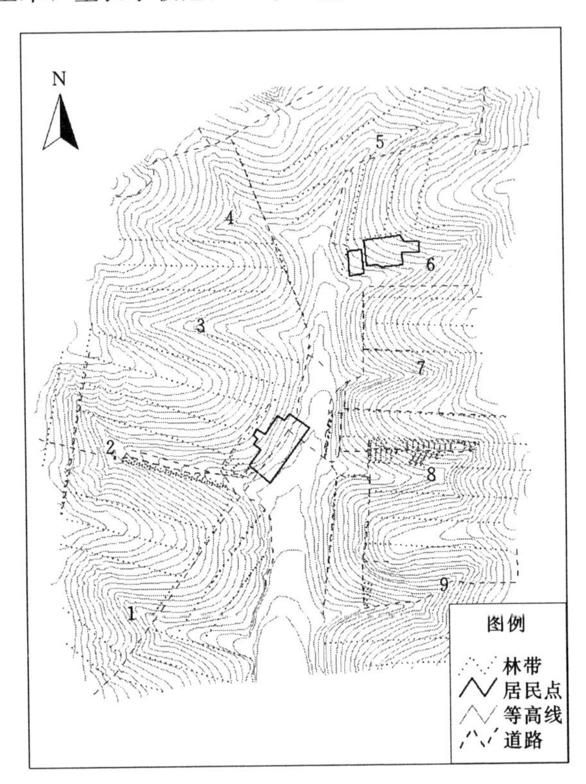

图6-1 鹤北流域地形

研究流域为鹤北流域的8号小流域。流域面积为2.3km²，最高点海拔371.0m，最低点海拔321.2m，高差为50m。流域主沟道呈东西方向，长1734.5m，主沟比降1.90%，流域地面平均坡度为2.1°。分别于2005年和2008年调查了流域的土地利用，流域内土地利用方式以耕地为主，主要农作物为大豆、春小麦和玉米，见表6-1、表6-2和图6-2、图6-3。

表6-1 鹤北8号小流域2005年土地利用

类型	面积/km²	比例/%	类型	面积/km²	比例/%
土地总面积	2.30	100	（3）牧草地	0.06	2.61
1. 农用地	1.94	93.91	2. 交通用地	0.08	3.48
（1）耕地	1.85	80.43	3. 未利用地	0.06	2.60
（2）林地	0.25	10.87			

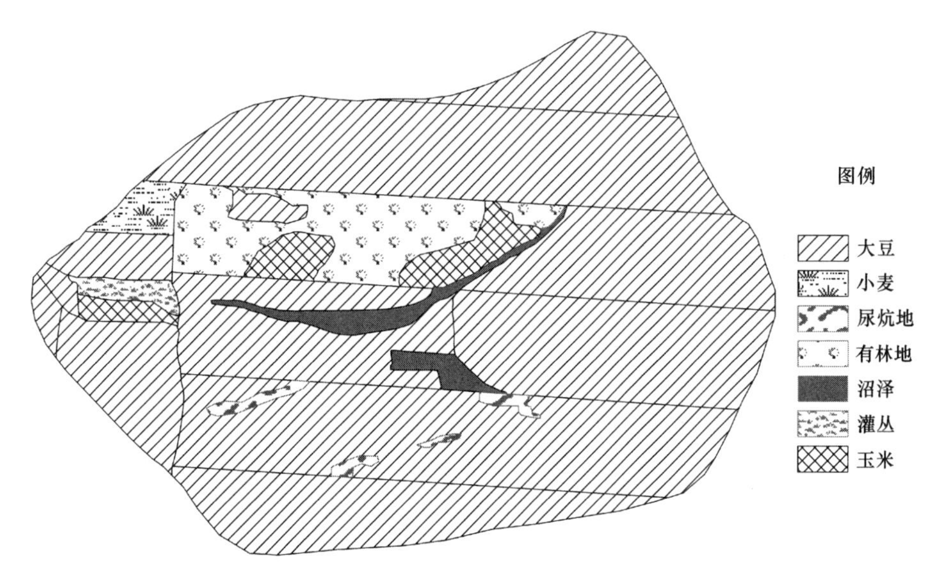

图 6-2　鹤北 8 号小流域 2005 年土地利用

表 6-2　鹤北 8 号小流域 2008 年土地利用

类型	面积/km²	比例/%	类型	面积/km²	比例/%
土地总面积	2.30	100	(3) 牧草地	0.06	2.61
1. 农用地	2.01	95.96	2. 交通用地	0.08	3.48
(1) 耕地	1.90	82.48	3. 未利用地	0.02	0.87
(2) 林地	0.25	10.87			

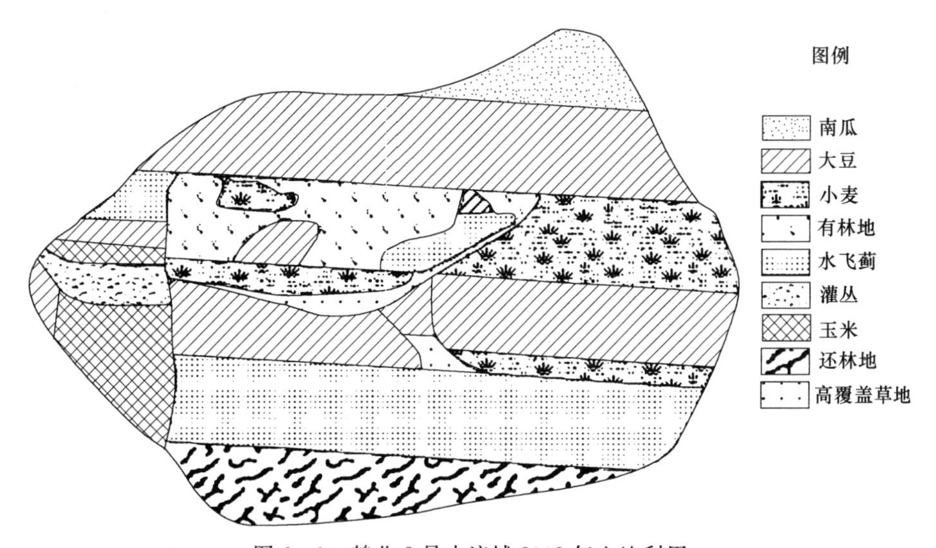

图 6-3　鹤北 8 号小流域 2008 年土地利用

8号流域内还林地的还林时间为2002年，树种为落叶松幼苗，地块内每隔4垄为还林垄，其余为耕地。两次调查只是耕地种植作物不同，2009年还林地中还林垄之间的耕地已完全撂荒不能耕种，另外由于干旱，尿炕地和部分塔头草地已被开垦种植作物。

流域出口和鹤北流域径流小区设有雨量观测站，流域出口设有矩形薄壁堰观测水位和泥沙资料。同时流域出口还安装了自动水位泥沙监测器用于观测流域出口的水文资料。观测站建于2003年，至今已有15年的观测资料。

6.2 小流域产流产沙观测

鹤北8号流域出口设有矩形薄壁堰用于观测水位和采集泥沙样，出口断面宽2.6m。流域出口设有翻斗式自记雨量计。矩形堰建于2003年（图6-4），目前整编数据是从2004年8月30日的第一次降雨产流过程到2017年9月16日最后一次降雨产流过程，其中，自第一次观测的降雨产流过程到2009年7月25日的降雨产流过程，共37场洪水过程。年平均产流量14898.02m^3，年均径流深6.48mm，年均输沙量为473.06t，输沙模数为2.06t/(hm^2·a)。

图6-4 流域出口测流堰

6.3 小流域侵蚀过程分析

土壤侵蚀模型的建立是以土壤侵蚀机理的研究为基础，建立研究区的土壤侵蚀模型要充分了解研究流域的土壤性质、水文过程和侵蚀产沙过程的特征以及影响因素，为此本书设计了野外实验，根据土壤剖面的观察和土样机械组成实验对流域土壤剖面的土壤性质及流域地形地质特征进行分析，并基于流域的降雨产流产沙过程资料分析小流域的水文过程和产沙过程的特点。

6.3.1 小流域水文过程分析

1. 地形地质特征分析

地形对于流域汇水过程影响很大，九三垦区地形起伏，主要包括低山、丘陵漫岗、沟洼地和水面等 4 种类型；地质条件多变复杂，土壤团粒结构差，排水渗吸能力低，加上受降雨集中在夏秋季的影响，在耕地中形成“花园地”“岗中洼地”（又称尿炕地）和“鱼眼泡地”等 3 种特殊类型渍涝地（吴希来，2003）。渍涝地排水能力较差，不仅自身无法耕种，还间接影响其他耕地造成产量下降或者绝收。渍涝地的形成与流域的地形条件、土壤质地等有关，进而影响着流域的汇水过程。为了提高模型模拟的精度，首先需要从土壤性质和剖面组成方面探索“三地”形成原因，找到综合治理“三地”的方法，为水土保持综合治理、扩大和保护耕地面积等实践提供理论指导。8 号流域内就分布有尿炕地，本次研究在综合考虑尿炕地分布和调查流域土壤性质的情况下，设计实验分析研究流域土壤性质的同时，对尿炕地成因做了初步探讨。

根据两次取样观测发现该流域地下水埋深很浅，各个样点潜水埋深不超过 4m。样点 5、7 是尿炕地。位于坡面中部的样点 5 在 2.6m 处有潜水面，位于坡面下部的样点 7 在 1.4m 处有潜水面。根据实验数据可知，位于坡面中上部、中下部和沟底的 3 个样点 2、4、7 的容重相对较小（图 6-5），各采样点土壤粒径分布如图 6-6 所示。

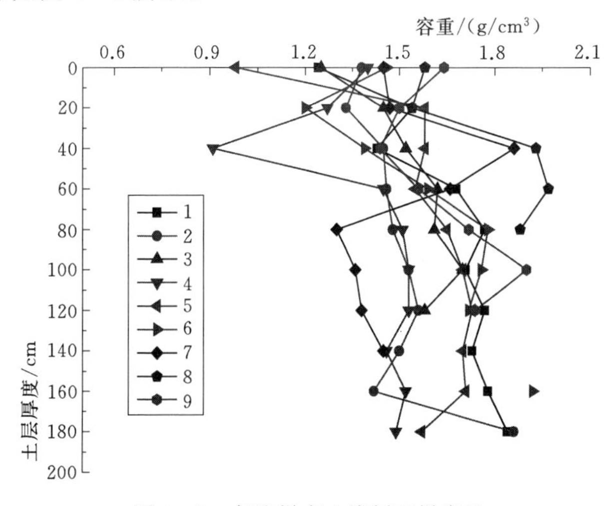

图 6-5 各取样点土壤剖面样容重

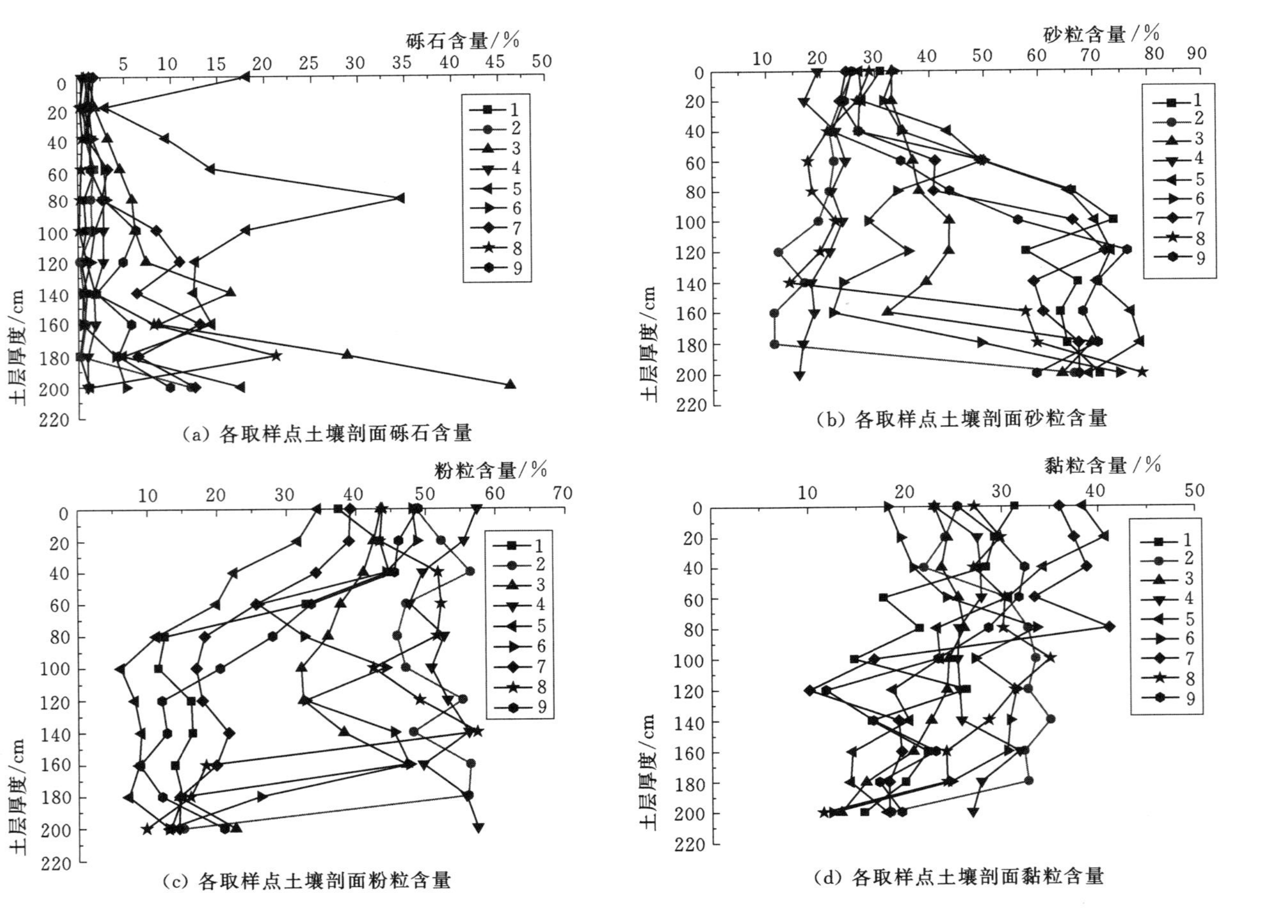

（a）各取样点土壤剖面砾石含量

（b）各取样点土壤剖面砂粒含量

（c）各取样点土壤剖面粉粒含量

（d）各取样点土壤剖面黏粒含量

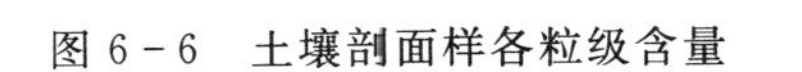
图 6-6　土壤剖面样各粒级含量

从图 6-6 中可以看到，样点 1、9、5 和 7 的砂粒含量较其他样点明显偏高，而粉粒含量明显低于其他样点。样点 1、9 位于坡顶，说明径流冲刷将细颗粒带走造成坡顶土壤砂粒含量较高，样点 2、4、8 的粉粒含量明显高于其他样点，2、8 分别位于沿坡面向下的林带下方，说明林带具有拦截泥沙使其沉积的作用，样点 4 位于坡底，说明径流携带的泥沙沉积于沟底。样点 3、5、7 和 9 的砾石含量高于其他样点。各样点的黏粒含量差别不大，相对来讲，样点 1、9、5 和 7 的黏粒含量较其他样点小。分析渗透系数与土壤各级粒径的相关关系得到土壤的渗透系数与砾石和砂粒含量显著相关，相关系数分别为 0.65 和 0.325，见表 6-3。

表 6-3　　土壤渗透系数与粒径组成相关关系

影响因素	砾石	砂粒	粉粒	黏粒	样本数
渗透系数	0.650**	0.325**	−0.314*	−0.214	64

** 相关性在 0.01 水平上显著相关。

*　相关性在 0.05 水平上显著相关。

根据野外剖面特征分析以及室内渗透性实验分析，结果表明采样各点均出现铁盘或黏土层（样点 4）等弱透水层（图 6-7 至图 6-9），各样点弱透水层埋深分别如下：样点 1 为 4～4.2 m，样点 2 为 5.08～5.12m，样点 4 为 3.25～4m，样点 5 为 2.5～2.65m，样点 6 为 3～3.2m。在 8 号流域坡顶处有两处沙坑，铁盘在该土壤剖面呈连续分布。沙坑的铁盘层深度第一层为 0.9m，第二层为 2.2～2.4m，见图 6-10。

图 6-7　坡顶样点 1 隔水层铁盘位置

图 6-8 铁盘特征

图 6-9 铁盘在黑土及成土母质中的形成

分析尿炕地形成原因发现，该流域存在一个铁盘的隔水层，隔水层上面是砂壤土层，2008 年、2009 年两年的采样均有潜水出现，说明隔水层上面有一个潜水层。通过野外挖剖面和土壤粒径分析发现，出现尿炕地的坡中下部点 5 和坡中部的点 7 黏壤土层非常薄，下层是砂壤土和隔水层，这两点土壤的砂粒含量较其他样点高。遇到丰水年时这两点距坡顶较远，具有汇流的条件，降雨产生的地面径流一部分消耗于蒸散发，一部分沿地面流动形成超渗坡面流，一部分渗入地下。渗入地下的水量一方面增加土壤含水量；另一方面可能继续向

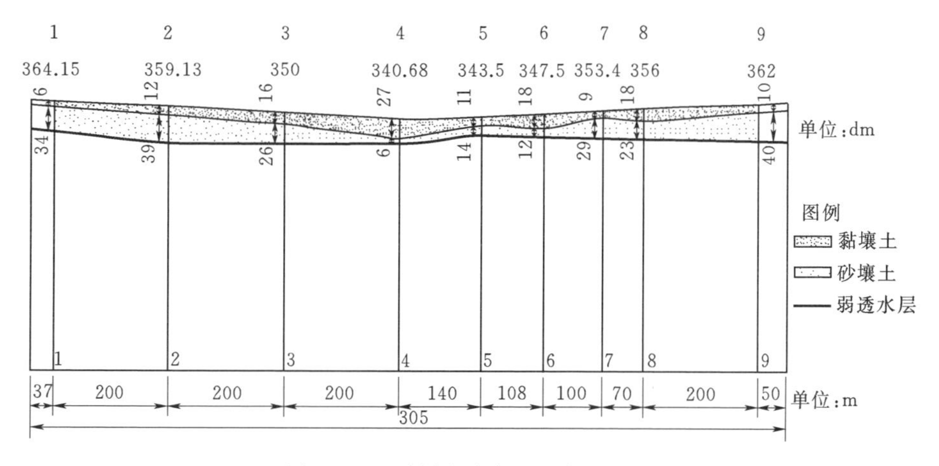

图 6-10 采样点分布及隔水层深度

深层下渗，当土壤含水量超过田间持水量后，水分在重力作用下向深层渗漏，直至潜水层而形成地下径流，到这两点处的黏壤土层比较薄，透水性大，非饱和土层很容易达到饱和，土层蓄满且质地黏重而出现尿炕地。

2. 降雨产流特点分析

降雨产流过程是土壤侵蚀的基础，不同地区的产流机制存在差异。霍顿把下渗理论和流域出口断面洪水过程的分析结合起来，把产流概括为 3 种情况：①强度大、历时短的降雨形成的洪水，称为超渗产流，此时，由于降雨强度大于下渗能力，只产生地面径流，因为降雨历时短，下渗量小，土壤缺水量不能补足，所以不产生地下径流；②强度小、历时长的降雨形成的洪水，称为蓄满产流，此时，由于雨强小于下渗能力，不产生地面径流，但由于降雨历时长，可以把土壤缺水量补足，因而产生地下径流；③强度大、历时也长的降雨形成的洪水，这种情况超渗产流和蓄满产流在一场降雨过程中同时存在。此时降雨强度大于下渗能力，土壤缺水量又得到满足，所以既产生地面径流，也产生地下径流。霍顿产流概念的基本点是超渗降雨形成地面径流，当土壤含水量达到田间持水量（即土壤最大蓄水量）后，稳定下渗量就形成地下径流（芮孝芳，2004）。在湿润地区，超蓄产流是产流的主要方式。在干旱地区，超渗产流是主要的产流方式（赵人俊，1984）。在实际研究过程中发现，一个地区的产流机制并非固定不变，超渗产流和蓄满产流没有明显的界限，在不同时间、不同降雨过程中会有不同的产流模式交替出现，芮孝芳（1996）分析不同径流成分的产流机制，发现任何一种径流成分都是在两种不同透水性介质的界面上产生，而且上层介质的透水性必须大于下层介质的透水性，不同径流成分的产流机制可以用界面产流规律来统一。

在实际的降雨产流过程中，当雨强超过入渗强度时就会产生超渗产流，随着入渗量的增加，土壤含水量不断增大，当土壤含水量达到田间持水量后又将转化为蓄满产流。观测期内流域产生侵蚀性降雨 37 场，其中有 7 场降雨的产流产沙过程与降雨过程存在明显的观测误差，19 场降雨产流的洪峰流量很小，峰值大多小于 0.1m^3/s，1 场降雨只观测到退水过程且降雨量很小，选择另外的 10 场流域降雨-产流过程，分析各次产流的降雨和洪水特征值（表 6-4），并绘制洪水过程线（图 6-11）来分析研究流域降雨产流特点。

表 6-4　　流域洪水特征值

洪次日期	雨量/mm	降雨历时/min	最大10min雨强/(mm/h)	前5天雨量/mm	前15天雨量/mm	径流开始时间/min	径流历时/min	洪峰流量/(m^3/s)	径流深/mm	径流系数
040830	12.3	695	10.5	38.0	48.1	68	622	0.66	2.20	0.18
050716	68.9	928	81.4	14.8	32.8	543	530	6.20	12.67	0.18
060607	14.8	1140	26.4	17.0	17.0	785	155	0.34	0.36	0.02
090610	30.6	1400	3.6	38.0	62.6	503	925	1.37	1.30	0.04
090617	17.8	304	26.4	10.9	94.8	44	265	1.24	1.84	0.10
090619	22.5	805	10.7	41.4	119.8	0	740	0.59	3.84	0.17
090630	11.2	630	15.6	12.6	85.9	183	240	2.46	2.77	0.25
090706	22.2	540	53.7	2.1	32.4	506	225	2.68	4.13	0.19
090713	26.7	858	33.2	20.7	69.2	675	335	0.29	0.69	0.03
090725	13.8	153	19.56	6.00	65.10	26	240	0.37	0.69	0.05

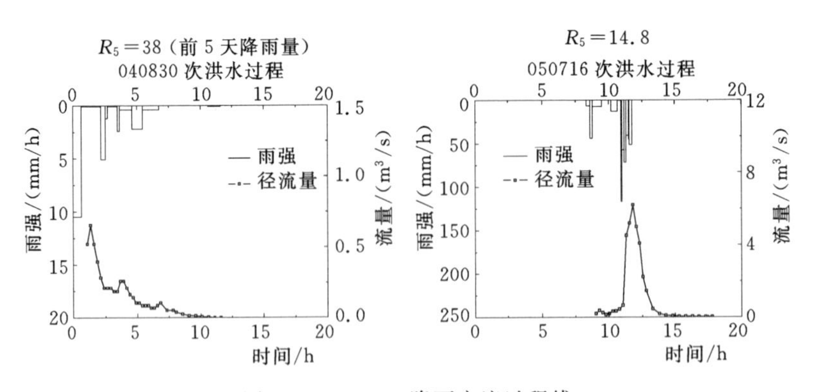

图 6-11（一）　降雨产流过程线

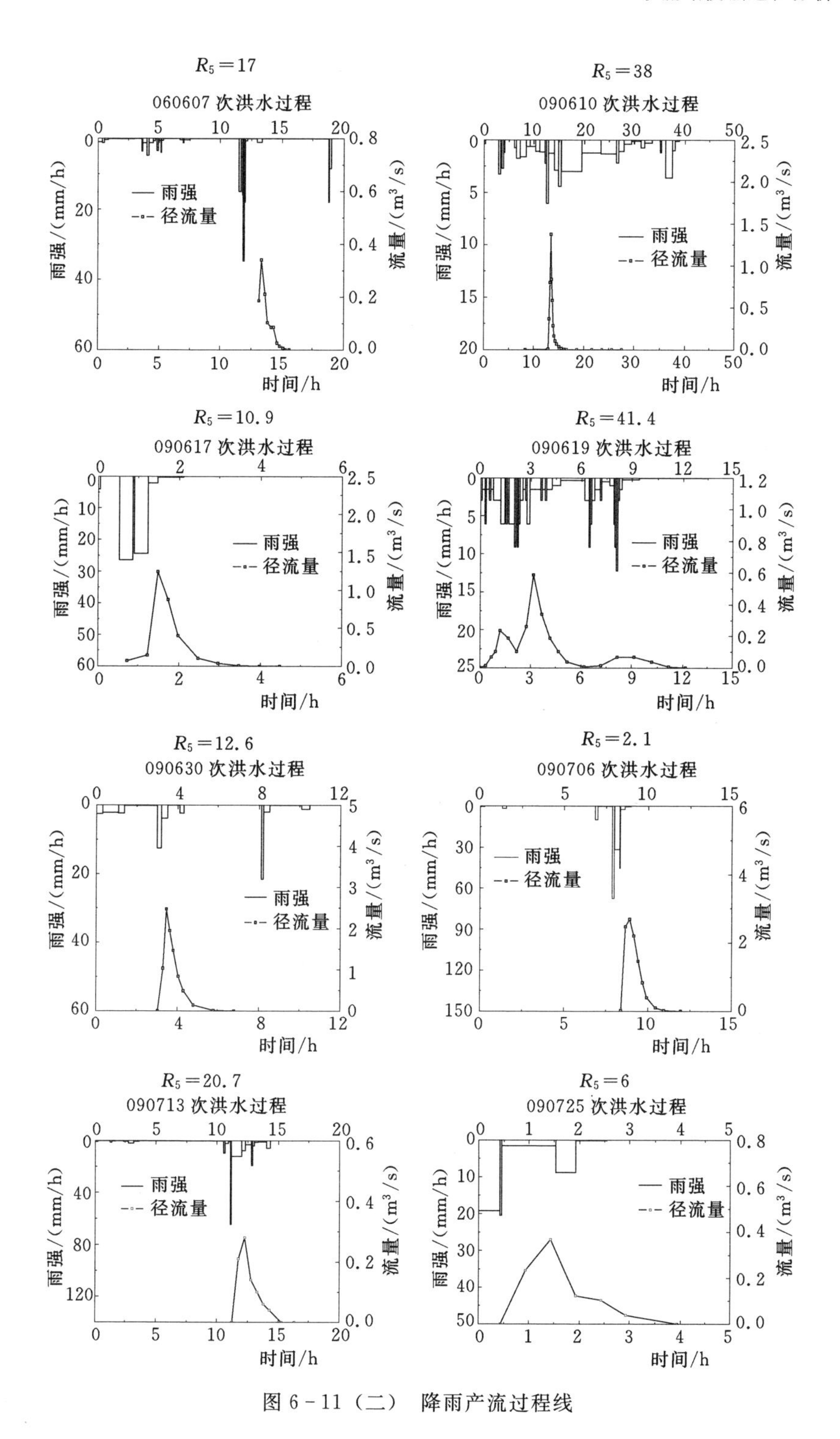

图 6-11（二） 降雨产流过程线

从表6-4中可以看到，2004—2009年流域发生的侵蚀性降雨多在前期降雨量较大，土壤含水量较高的情况下；大多都是属于强度大、历时也长的降雨形成的洪水过程，此时降雨强度大于下渗能力，土壤缺水量得到满足而产生洪水过程。但是也有降雨量较小或者雨强较小的长历时降雨产生洪水，其中09610次洪水属于降雨强度小、降雨量大、历时长产生的洪水过程，这是因为流域的前期降雨量很大，土壤含水量较高，缺水量得到满足而产生洪水。09630次洪水属于降雨量很小、历时长，前期降雨量很大产生的洪水。050716次洪水是这6年里的唯一一次雨量大、雨强大、历时长而产生的暴雨洪水，它的洪峰流量是该流域这6年的洪峰均值的3倍，输沙量是均值的5.4倍。总体来看，流域的径流系数小于0.2，说明产流能力较小。

从图6-11中可以看到，研究流域的产流过程都是在前期降雨量（前5天降雨量R_5）较大的情况下发生，洪水起涨时间都是在最大雨强出现时；洪峰都是在出现最大雨强后产生，当雨强突然增大时，流域洪水过程线呈陡涨的形式，峰形尖瘦，雨强对于洪水过程线形状的影响很大。当雨强减小后洪峰消退，但是洪峰消退的时间受降雨影响，降雨停止洪峰消退后流量不会立刻停止，洪水结束的时间很慢，即降雨结束后洪水不会马上停止而是在几个小时后才结束，具有蓄满产流的特征，比较典型的如040830洪次、050716洪次、090617洪次、090706洪次和090725洪次。分析原因认为，研究流域产生降雨的历时均较长，在雨强较大时产生超渗产流，由于历时较长，累积降雨量大使得土壤缺水量达到饱和产生蓄满产流，导致退洪时间较长。

从表6-5中可以看到，流域的降雨产流呈现一定的规律性，即洪峰出现时间均在最大雨强出现后的1h，洪峰出现时间较晚，这主要是由于流域坡度较小，汇水时间较长，另外受流域下垫面条件影响，如林地枯落物覆盖和横坡耕作等均会延长汇流时间。洪水在降雨结束后不会马上停止，统计发现流量在落洪后的2～3h才会结束，这主要是由于研究流域的产流降雨都是长历时降雨，土壤含水量达到饱和产生地表和地下径流，洪水退水时间很慢。

表6-5　流域降雨径流特征

洪次日期	最大雨强出现时间/min	峰现时间/min	间隔/min	降雨结束时间/min	洪水结束时间/min	间隔/min
040830	0	83	83	405	695	290
050716	656	708	52	928	1068	140
060607	710	800	90	800	935	135
090610	752	808	56	2328	1658	

续表

洪次日期	最大雨强出现时间 /min	峰现时间 /min	间隔 /min	降雨结束时间 /min	洪水结束时间 /min	间隔 /min
090617	32	89	57	126	269	143
090619	130	190	60	565	730	165
090630	179	208	29	257	408	151
090706	473	536	63	540	716	176
090713	667	735	68	858	980	122
090725	25	86	61	153	236	83

统计观测到的2004—2017年的降雨径流得到研究流域多年平均径流深为6.48mm/a，输沙量为2.06t/(hm^2·a)。

6.3.2 小流域土壤侵蚀特点分析

研究流域鹤北8号小流域位于东北黑土区黑龙江省九三农垦分局鹤山农场，分析该区土壤侵蚀的特点发现，该流域主要以冻融侵蚀和水力侵蚀为主。水力侵蚀在流域中具有不同的形式，包括雨滴溅蚀、薄层水流片蚀、细沟侵蚀、浅沟侵蚀和切沟侵蚀等。切沟侵蚀定义为地表径流在短期内可以将狭窄沟槽侵蚀一定深度的侵蚀过程，切沟是指农地中的沟槽足够深以至于普通的犁耕机械已不能平复它，深度在0.5～30m之间（Poesen等，2003）。浅沟侵蚀是介于细沟和切沟之间的侵蚀过程，浅沟是指犁耕后可以平复但是还能看出痕迹的沟槽（Foster，1986）。结合黑土区小流域的地貌特点，分坡面和沟道分析流域土壤侵蚀特点。

1. 坡面侵蚀特征

坡面侵蚀量大、河道输沙量小是黑土漫岗区侵蚀产沙的最大特点之一（范昊明等，2005）。根据鹤山农场径流小区2003—2009年观测资料统计坡面侵蚀量得到表6-6，标准小区因为是休闲裸地侵蚀模数最大，其次是顺坡耕作小区，免耕小区的侵蚀模数最小，对比发现免耕和横坡耕作可以有效减少水土流失。统计8号小流域2004—2009年的输沙模数得到其年平均值为2.06t/hm^2，较坡长小区小，证明泥沙在输出流域出口前已经沉积在流域低洼处。

Horton（1945）研究提出径流冲刷强度自分水岭向下开始逐渐增强，到达一定距离后又开始逐渐减弱，因而将坡面划分为无侵蚀带、侵蚀强烈带和沉积带，并将出现冲刷的地点到分水岭间的水平距离称为出现冲刷的临界距离。范昊明等（2005）分析了鹤山农场坡面的黑土层厚度和土壤的粒径组成发现，漫岗区坡耕地侵蚀强度的分布与坡面侵蚀的一般分布规律基本符合，即从坡顶

表6-6 鹤北径流小区土壤侵蚀模数 单位：t/hm²

年份	坡长小区（1.5°）	标准小区（5°）	免耕小区（5°）	横坡耕作（5°）	顺坡耕作（5°）
2003	5.83	47.45	0.42	0	30.34
2004	3.25	31.92	0	0	2.07
2006	0.60	7.22	0	3	0.13
2007	0.86	14.59	6	0.10	0.59
2008	10.72	109.33	2.15	4.20	24.67
2009	0.67	53.04	0.08	1.57	1.77
均值	3.66	43.92	0.45	0.98	9.93

向下，侵蚀随坡面径流深度、流速的增大而逐渐增强，到一定距离后，由于水流挟沙量太大，径流冲刷力损耗使得侵蚀减弱，到达坡脚时坡度变缓、流速减小则发生沉积。为了进一步证实黑土区这一坡面侵蚀规律，在坡面采样分析发现，坡耕地黑土厚度从岗顶至坡脚的一般变化趋势是先减少后增加，中间随着地形及坡度的变化土层厚度略有变化，坡面侵蚀表现出岗顶弱侵蚀、坡中强烈侵蚀与坡脚处沉积的过程。这与本次在研究流域取样点土壤剖面观测的结果基本相同。但研究流域的8号小流域岗顶的耕地，由于长期受溅蚀、径流冲刷作用的影响，黑土层很薄并出现了沙化的现象，土壤质地较粗。在流域的坡脚塔头草甸和沟底打钻发现这里的黑土层较厚，土壤含水量很大，而且质地黏重。可以初步判断，坡面侵蚀黑土多堆积于此。根据流域坡面的侵蚀分布规律，范昊明等（2005）研究指出侵蚀的强弱主要受坡面坡度、坡长和坡形的影响。建立分布式土壤侵蚀模型，对坡面不同位置的侵蚀量进行量化，可以为水土保持措施配置提供理论依据。

魏欣（2007）采用^{137}Cs定量模型计算方法得到鹤北小流域的土壤侵蚀空间分布，研究指出，去除土地利用影响后的土壤侵蚀强度的空间变化受地形因素的影响最大，从坡顶分水岭到沟底，侵蚀强度分布遵循弱一强一沉积形式的变化趋势。流域坡顶侵蚀强度较小，侵蚀速率在0～0.7mm/a范围内；沿坡面向下随着坡度逐渐增大，汇流增大，坡中部位侵蚀剧烈，侵蚀速率分布在0.03～0.7mm/a之间，而流域沟掌地中侵蚀速率范围大部分在0.7～3.0mm/a之间，最大侵蚀速率达到4.5mm/a。接近坡底处，坡度骤然变陡后会迅速变缓，水流挟沙力降低出现沉积。流域中3处侵蚀强度较大的部位都分布在坡度变陡的地方，随着坡度变缓而逐渐堆积，顺坡耕作的坡面此现象更加明显。

吴铁华（2007）研究得出，对于直形坡，坡的中下部侵蚀严重，因为坡面中下部径流集中，冲刷能力强，挟带大量雨滴溅起的泥浆。其中，坡面下部坡度较缓的地带侵蚀较轻，演变速度缓慢；坡度较陡的地带侵蚀剧烈，演变速度较快。对于复式坡，侵蚀较重的部位在凸起处，由于其侵蚀轻重演变经常交替出现，故坡面与平地接壤处淤积极少。对于凸形坡，无论凸起部分处在什么位置，总是凸起部分侵蚀重，演进的速度快；而凸起部分的上下衔接处，侵蚀相对较轻，演变也慢。对于凹形坡，中上部地带侵蚀较严重，演变的速度较快，其他部位侵蚀轻，墒的最低处容易发生沉积。当坡面凹下处产生横向径流时，沉积物往往被搬移，次生侵蚀发生。

坡面产生浅沟的原因：一是横坡垄沟底不可能做到绝对等高，在垄向上仍然存在不同程度的坡度，遇较大降雨便产生细沟侵蚀，甚至沿垄沟汇集到低洼水线处，时间长了便发展成为浅沟侵蚀（王宝桐等，2008）；二是坡面坡度相对较大，水量增多漫过犁垄，径流在低洼处汇集发生集流冲刷产生浅沟，并且在此处形成了固定径流流路。总结沟蚀的影响因素发现，地形、耕作措施和土地利用类型等对沟蚀具有显著影响，另外，春季冻融、融雪径流和夏季的降雨径流对沟蚀量有显著影响，是沟头前进、沟壁崩塌和沟底下切的动力。根据野外调查，黑土区坡地侵蚀浅沟切沟大多分布在靠近坡底的中下部，坡度较陡的地方，距离坡顶较远，为汇流提供条件，陡坡加大流速提高了冲刷力，随着径流进一步汇集，浅沟切沟就容易形成冲沟，到坡度较缓处呈冲淤交替出现，最后到达坡底发生堆积。

张永光（2006）研究了鹤北流域浅沟和切沟侵蚀得出浅沟一般位于坡面的中下部，耕作措施和土地利用对浅沟深度和分布有显著影响，间断性浅沟通常穿过林带，在林带上方发生淤积，林带下方形成跌坎；黑土区沟蚀有两个快速发展的阶段，即春季融雪期和夏季降水期。春季浅沟侵蚀量是全年侵蚀量的56%，春季浅沟受冻融、融雪影响显著（张永光等，2006）。胡刚等（2009）研究得到黑土区浅沟表现出宽浅特征，多发生在低洼水线附近，受地形控制明显，且低洼水线与垄作方向大都垂直或成一定角度，年侵蚀模数达到118～199m^3/km^2，从浅沟沟头到分水岭的距离平均为210m，发生所需的临界汇水面积平均为3.4hm^2，远大于黄土高原，发生的临界坡度集中于2°～3°，远小于黄土高原。伍永秋等（2008）总结了鹤北流域2002—2005年3年的切沟监测结果指出，切沟侵蚀是坡面侵蚀量的1.5倍，是重要的泥沙来源；沟头溯源侵蚀和边壁塌陷主要发生在春季解冻阶段，冲刷主要发生在夏季降雨季节（伍永秋，2008）。黑土区小流域内的浅沟和切沟侵蚀占流域侵蚀量的比例很大，不容忽视。

2. 沟道侵蚀特征

根据实地观测发现，鹤北小流域内并不存在常年性的规则沟道，在流域的沟底位置有时断时续的切沟形式的沟道存在，当坡面和切沟的侵蚀量沉积较大时切沟消失，只有在流域出口处由于径流汇集量大，有相对较短的沟道。一般流域是由坡面和沟道两部分组成，但是研究区黑土小流域是由坡面、沟底（有切沟或无切沟）和出口处沟道组成。从位于沟底的样点4的土壤剖面粒级分析可以看到，沟底的粉粒含量较其他点大，而且深度达到2.5m，说明径流从坡顶侵蚀的泥沙在沟底沉积。

3. 流域产流产沙特征分析

由于09725次洪水只观测了降雨产流过程，没有采集泥沙样，绘制流域的9场产流产沙过程线如图6-12所示。从图中可以看到，在流量过程线的涨洪段前面4场含沙量的增长基本与流量过程线同步（除04830次），后面5场含沙量的增长滞后于流量的增长，这主要是因为后5场降雨发生在汛期的后期，受前期降雨影响，地表相对湿润，侵蚀减轻；在流量消退过程中，除了04830次洪水的含沙量过程线的消退段早于流量落洪段外，其他的洪次含沙量消退都滞后于流量过程线，说明输沙过程滞后于流量过程。分析发现，含沙量的消退滞后于洪水落洪主要是因为涨洪阶段径流冲刷地表，落洪时泥沙开始淤积造成含沙量增大或持续不减，出现水沙不相适应的现象。洪水的流动属于非稳定流，洪峰以波的形式传播，而泥沙的运动不仅与水流流速有关，还与浑水中多

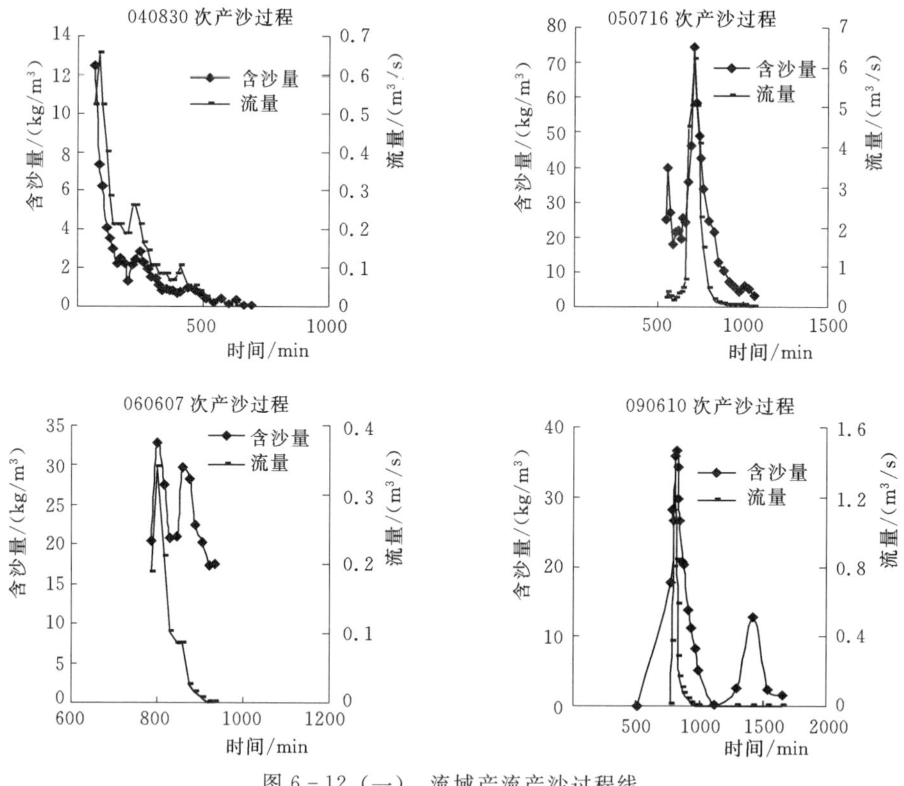

图6-12（一） 流域产流产沙过程线

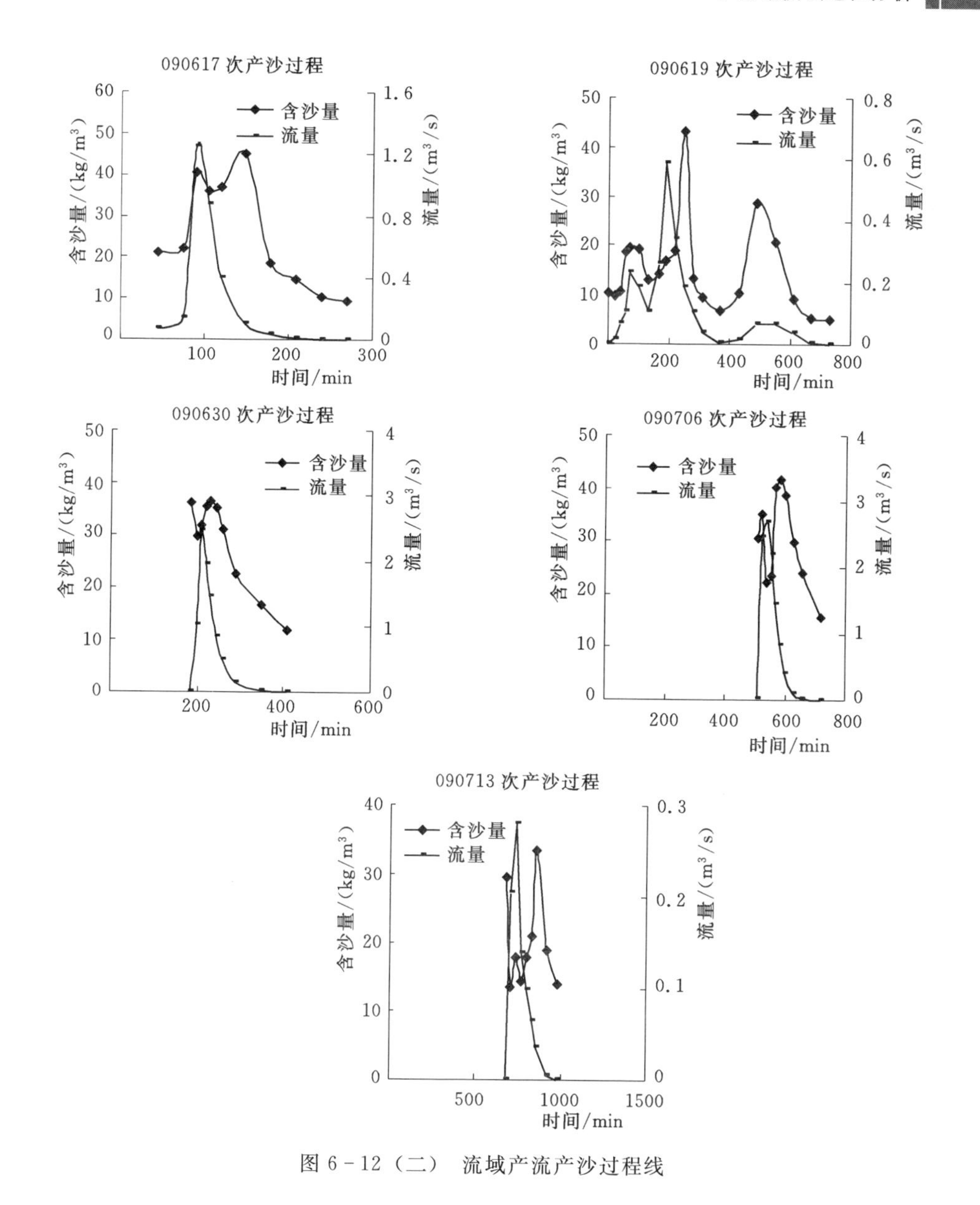

图 6-12（二） 流域产流产沙过程线

级泥沙颗粒的沉降速度有关，泥沙沿程运动的规律受水沙特性和沟道边界条件的共同影响，运动规律比较复杂，而且泥沙颗粒在浑水中的沉降特性比在清水或含沙量较低的浑水中的情况复杂（江恩惠，2006）。

分析流域的 9 场降雨产沙特征得到表 6-7，除了 050716 次洪水的输沙量相对较大外，其他的洪次输沙量都很小。由于观测期属于偏干年，产流的降雨量不是很大，大多属于历时较长的降雨。进行相关性分析发现，输沙量与径流深呈极显著线性相关，相关系数R^2为0.91；输沙量与降雨量和洪峰流量显著相关，相关系数R^2分别为0.70和0.66，如图6-13所示。

表6-7 流域降雨产流产沙特征

洪次日期	雨量/mm	降雨历时/min	最大10min雨强/(mm/h)	洪峰流量/(m^3/s)	径流深/mm	输沙量/(t/hm^2)
04830	12.3	695	10.50	0.66	2.20	0.08
05716	68.9	928	81.36	6.20	12.67	4.20
06607	14.8	1140	26.4	0.34	0.36	0.10
06615	20	1015	22.8	2.96	1.13	0.26
09610	30.6	1400	3.60	1.37	1.30	0.40
09617	17.8	304	26.40	1.24	1.84	0.90
09619	22.46	805	10.68	0.59	3.84	0.35
09630	11.2	630	15.60	2.46	2.77	0.85
09706	22.2	540	53.72	2.68	4.13	1.23
09713	26.7	858	33.15	0.29	0.69	0.12
09725	13.8	153	19.56	0.37	0.69	—

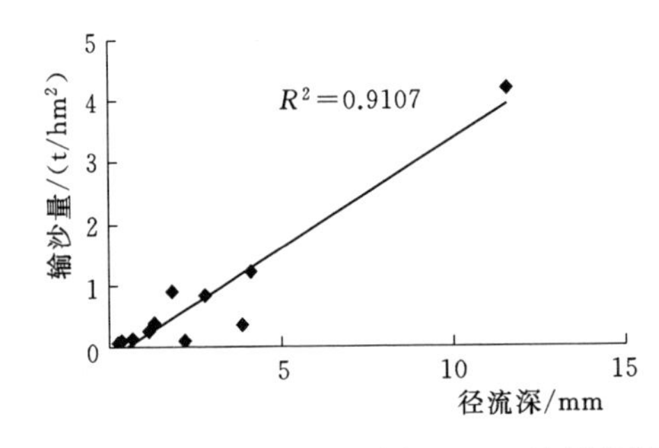

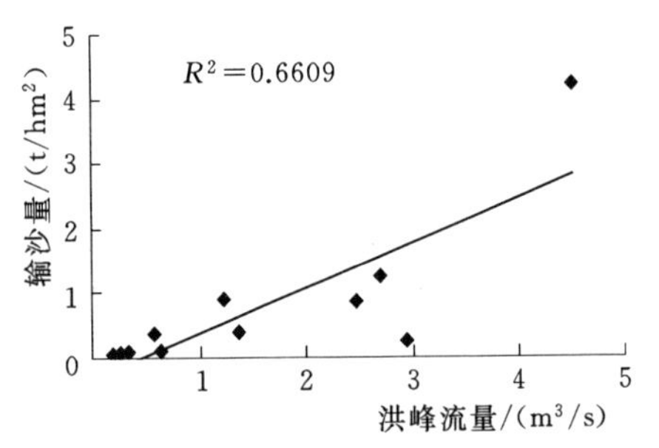

图6-13 流量特征值与输沙量的关系

6.4 地形图处理

根据DEM提取的数字水系和汇流网络是分布式模型汇流及输沙计算所必需的基础数据。因此，在进行分布式产汇流及产输沙建模前，必须针对所研究的流域，利用DEM提取出模拟计算所需的流域特征。目前常用的数字高程模型为栅格型DEM，现有的流域特征提取工具，如ArcGis、RiverTools、TOPAZ和WMS等，也是以栅格型DEM为数据源的。应用ArcGis将小流域的地形图进行水文分析，计算时将小流域划分为10m×10m的栅格，现为了示意，以 100m×100m 的尺寸划分流域得到各栅格的流向分布如图 6－14 至图 6－17 所示。

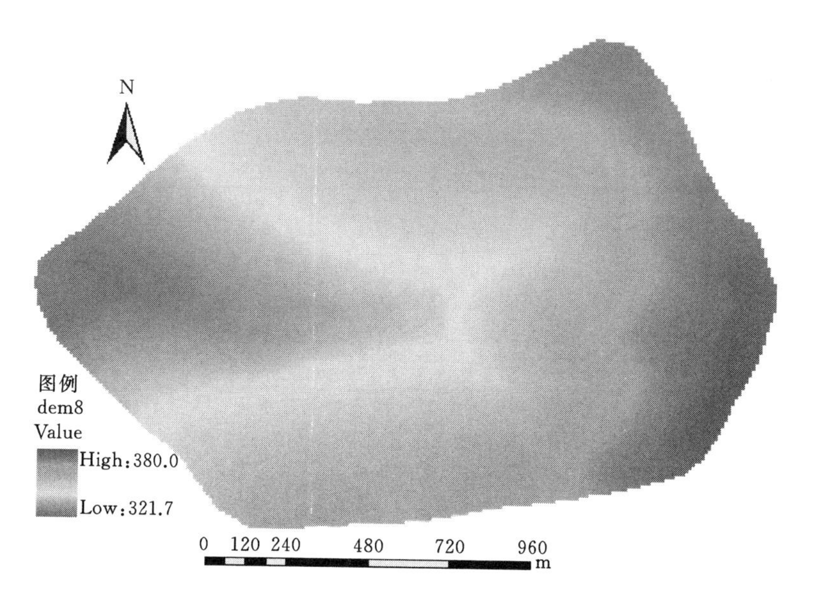

图 6－14　鹤北 8 号小流域 DEM

流域内各栅格流向的确定，决定了地表径流路径及栅格单元间流量的分配，决定了河网、流域面积、分水岭、流域内各点的汇水面积和子流域间的拓扑关系等。最陡坡降法 D8 由于原理简单、易于实施而被广泛应用。依据最陡坡度原则，假定水流方向唯一，对比每一网格与相邻 8 个网格的中心点高程之间的距离权落差（即网格中心点落差除以网格中心点之间的距离），取距离权落差最大的网格为中心网格的流出网格，该方向即为中心网格的流向，从而得出该网格的水流方向，即水流离开此网格时的指向（以下简称流向）。流向数据可以通过将中心格网 x 的相邻 8 个邻域格网编码，编码规则为 2^{N-1}（$N=1, 2, \cdots, 8$），水流方向便可以其中一个值来确定（图 6－15），图 6－16 所示为流向确定结果。

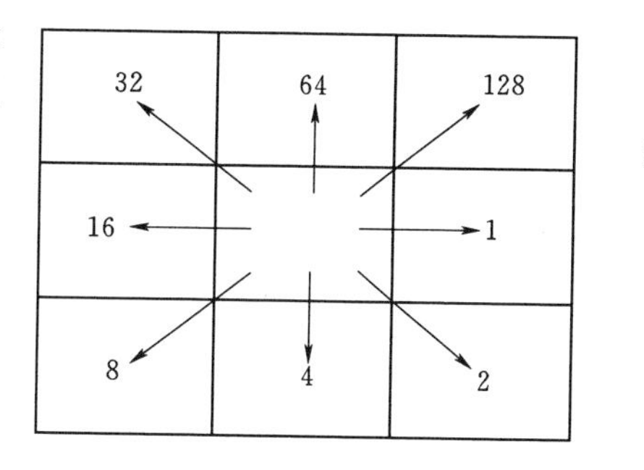

图 6－15　网格水流方向定义

确定了水流方向，假定网格表示的数字地面高程模型每点处有一个单位水量，按照水流方向，根据区域地形的水流方向，矩阵计算每点处所流过的水量

																	8	8					
															4	4	4	8	8				
							8	8	8	8	8	8	4	4	4	4	4	8	8				
					8	8	8	8	8	8	8	4	4	4	4	4	8	8	8	8			
				8	8	8	8	8	8	8	8	4	4	4	4	4	8	8	16	16			
			8	8	8	8	8	8	8	4	4	4	4	4	4	8	16	16	16	16	16		
		8	8	8	8	8	8	8	8	8	4	4	4	8	16	16	16	16	16	16	16	32	
	16	16	16	16	16	16	8	4	8	8	4	8	8	16	16	32	32	16	16	16	16	16	
	64	32	64	32	32	32	16	16	16	16	16	16	16	16	32	32	32	32	32	32	32	16	
		32	32	64	64	64	32	64	64	32	64	32	32	16	16	8	16	8	16	8	16		
			32	64	64	64	64	64	64	64	64	64	64	32	16	16	16	16	16	16	16		
				64	64	64	64	64	64	64	64	64	64	64	32	32	32	32	16	16	32		
					32	64	64	64	64	64	64	64	64	64	32	32	16	32	32	32			
						32	32	64	64	64	64	64	64	32	64	32	32	32					
							32	64	64	32	32	16	32										

(a)

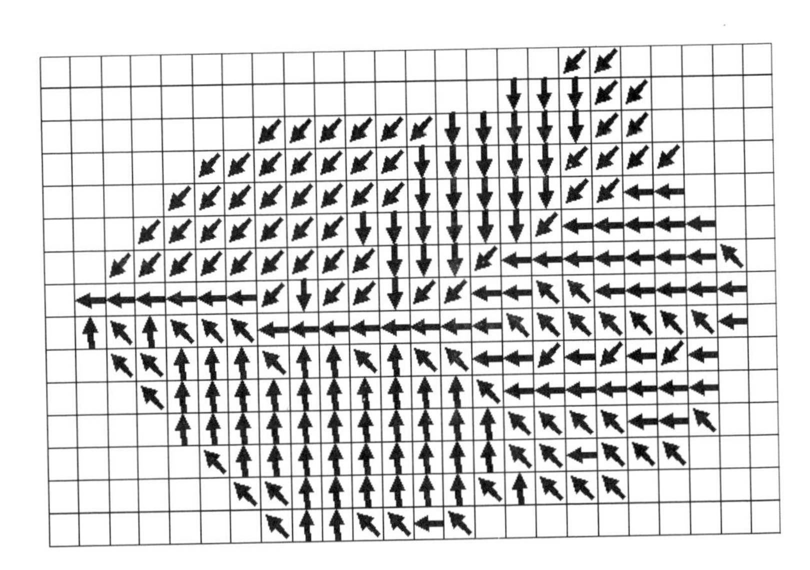

(b)

图 6-16 鹤北 8 号小流域流向图

数值，即统计每个单元网格相邻 8 个网格有多少个单位流量汇入本单元格，便可以得到水流累积图。确定沟道栅格时，给定一个沟道汇水面积阈值，流域内汇水面积超过阈值的栅格为沟道栅格，将沟道栅格连接起来就形成了流域水系。根据实测沟道数据，对形成的流域水系进行编辑，将形成的一些较短的伪

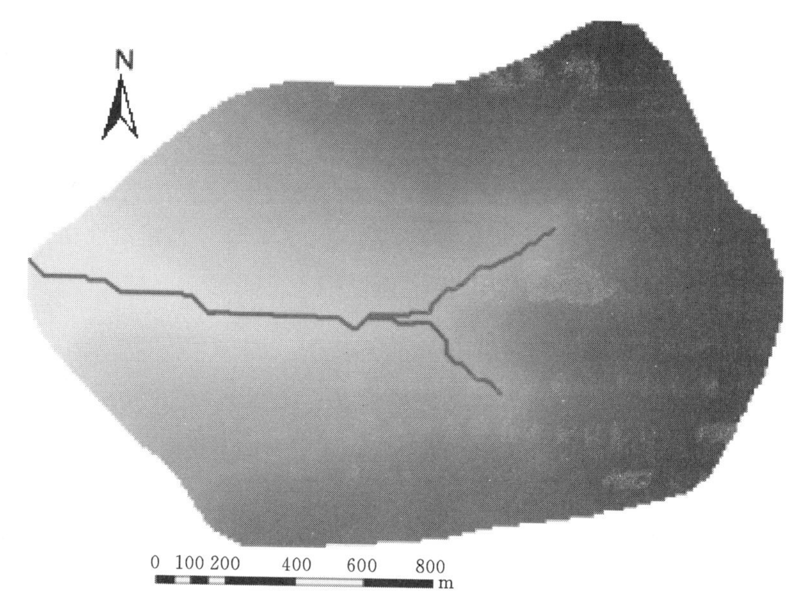

图 6－17 鹤北 8 号小流域沟道

沟道裁剪掉，即生成图 6－17 所示的流域沟道。

根据栅格流向确定流域各栅格的拓扑关系，即流域出口为 0 级栅格，流入出口的栅格为 1 级栅格，依此类推，得到流域栅格的拓扑关系栅格如图 6－18 所示。在汇流计算过程中，根据水由高处流向低处的自然规律，先计算上游等级的栅格，根据拓扑关系逐级演算至流域出口栅格。

																20	20				
														19	19	19	19	19			
						6	7	8	9	10	11	17	17	18	18	18	18	18			
				4	5	6	7	8	9	10	15	16	16	17	17	17	17	18	19		
			3	4	5	6	7	8	9	11	14	15	15	15	16	16	17	18	19		
		2	3	4	5	6	7	8	10	13	13	14	14	15	15	16	17	18	19	20	
	1	2	3	4	5	6	7	9	9	12	12	13	13	14	15	16	17	18	19	20	21
0	1	2	3	4	5	6	8	8	9	11	11	12	13	14	15	16	17	18	19	20	21
1	1	3	3	4	5	6	7	8	9	10	11	12	13	14	15	16	17	18	19	20	21
	2	2	4	5	6	6	8	9	10	11	11	12	13	14	15	16	17	18	19	20	
		3	5	6	7	7	9	10	11	12	12	13	14	14	15	16	17	18	19	20	
			6	7	8	8	10	11	12	13	13	14	15	15	15	16	17	18	19	20	
				7	9	9	11	12	13	14	14	15	16	16	17	18	17	18	19		
					8	10	12	13	14	15	15	16	16	17	17	18	19				
						9	13	14	14	15	16	16									

图 6－18 流域栅格拓扑关系

6.5 土地利用调查与处理

调查流域的土地利用类型和分布，将矢量图层转为与地形栅格数据同尺度的栅格图层，为后面的计算做准备。根据小流域的地形图，基于GIS获得小流域的流向、流量累积和河网分布，将流域DEM划分为矩形栅格，根据流向划分小流域栅格等级。

6.6 计算准备

GIS模块主要用于管理和显示ASCII格式的DEM数据和Shape文件。模型的计算基础是ASCII格式的栅格数据文件，具有直观易读、转换方便的特点。本书采用基于栅格计算的方法，将流域划分成相同的正方形栅格单元，研究区域共有150×219个栅格。每个栅格单元按水文分析结果用ASCII文件记录流向，以−9999代表流域以外的数据，认为每个栅格单元内有一致的下垫面条件。通过DEM水文分析得到流域栅格的坡度矩阵、分级矩阵，统计栅格级别数目，确定流域出口栅格所在的行列数。得到流域的基本参数信息见表6-8。

表6-8 流域基本参数

序号	基本参数			
	符号	单位	数值	备注
1	sum _ row	—	150	流域总行数
2	sum _ column	—	219	流域总列数
3	detX	m	10	流域栅格边长
4	Grad	—	223	流域栅格最高等级
5	OutRow	—	75	输出数据的行坐标
6	OutCol	—	1	输出数据的列坐标

其次是下垫面的表示，因为土地利用Shape文件不便于参数的提取，将其转换成为栅格格式，定义土地利用类型的代码根据栅格的土地利用类型给每个栅格赋值作为土地利用的输入。当一个栅格同时有两种或多种土地利用类型时，按面积百分比确定该栅格的土地利用类型，一般将面积占栅格面积百分比较大的类型认为是该栅格的土地利用类型。研究流域较小，认为整个流域的土壤类型为均质黑土，不再以栅格划分。土壤属性数据表包括土壤粒径组成和中值粒径，用单精度数据表示；初始土壤含水量和饱和导水率、细沟可蚀性和细沟间可蚀性等用双精度数据表示。

土地利用相关数据表存储不同土地利用类型的属性值和CN值，用整型数据表示，不同土地利用类型对产流和产沙的影响还受不同土地利用类型具有的糙率影响，地表糙率系数用单精度数据表示，可以通过实测获得，但是实际水文模型应用中通常根据所有的数据资料得到。用GIS将土地利用栅格化后得到的土地利用图如图6－19所示。

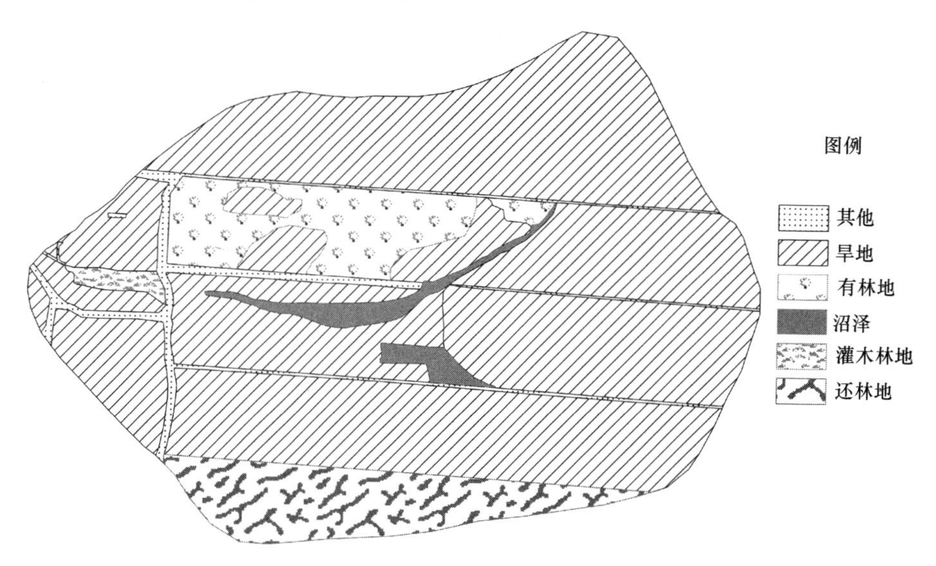

图6－19　栅格化后的土地利用图

降雨是流域产流产沙的主要驱动因素，降雨过程数据是土壤侵蚀模型的重要输入参数。计算所用的降雨数据来自鹤北径流小区的降雨实测资料。统计观测得到的2003—2009年鹤北流域的降雨数据资料，共降雨367场，总降雨量为2979.27mm，年均降雨量为425.61mm，流域内发生侵蚀性降雨37场，其中有7场降雨的产流产沙过程与降雨过程存在明显的观测误差，19场降雨产流的洪峰流量很小，峰值大多小于0.1m^3/s，1场降雨只观测到退水过程且降雨量很小，还有10场降雨产流产沙资料可以分析使用，090725次洪水过程只观测了产流过程，没有采集泥沙样，所以还有9场降雨产流产沙过程资料可以应用，选其中的6场进行参数率定，4场进行模型验证。

统计降雨数据是基于非稳定降雨统计，根据雨强划分统计时段，降雨数据表主要存储降雨日期、降雨时间和相同雨强持续的降雨时间及该段时间内的雨量、累积降雨和累积历时等。

总结发现，模型计算所需的输入参数主要包括栅格地形信息（如栅格的坡度矩阵、栅格流向矩阵、栅格等级矩阵）、土地利用数据（即土地利用矩阵）以及模型的基本参数和降雨数据等。

6.7 参数率定

模型模拟的精度受到模型本身结构的合理性和参数值的共同影响。分布式模型是确定性模型，而参数具有很大的随机性，而且相同的参数在不同的时间和空间分辨率下也会产生不同的计算结果，所以通过对比使模型的模拟值与实际观测值之间的误差最小，达到参数的估计和优化是分布式模型的重要组成部分。参数的取值对模型模拟的效果影响很大，但是影响模型参数的因素很多，包括模型的适应性、资料的准确性、参数的物理意义以及参数之间的相互联系和选择的参数优选方法等。

确定参数的方法主要有两种：对于有明确物理意义的参数可以通过野外观测或者实验测定；对于经验参数或者物理意义不明确的参数需要通过实测资料进行率定。但实际上有些参数即使有明确物理意义，实测起来工作量和工作难度也很大，这就要求根据历史资料和其物理意义进行率定。

目前模型参数率定的方法主要包括自动优选法和人工试错法。自动优选法不需要进行人工调节，当模型的参数较少方便建立目标函数时该方法适用。分布式模型涉及的参数较多而且计算量大，很难采用自动优选法进行参数率定。人工试错法就是人为设定一组参数值，运行后比较模拟值与实测值，调整参数直到模拟值与实测值之间误差在合理范围内。人工试错法比较简单，但是耗费的时间较长；自动优选法计算效率较高，但是当模型的参数较多时，优选有困难。分布式模型包含的参数在空间上不均匀分布，因为只有流域出口的观测资料来作为率定的基础，很难对不同下垫面及不同土地利用的参数进行自动优化，而且由于栅格或者子流域众多自动优选的计算量很大，所以选用人工试错法进行参数率定。

1. 土壤属性数据

模型中土壤可蚀性的计算要用到土壤各级粒级的组成，所以根据土样的机械组成实验得到流域的土壤属性数据，见表6-9，字段是指编程实现模型时各参数在程序中的定义。

表6-9 土壤属性数据表

字段	数值/%	说明
SAND	26.74	砂粒含量
SILT	44.41	粉粒含量
CLAY	28.85	黏粒含量

2. 产流模块参数

本次研究选用SCS模型计算产流，该模型只有一个参数CN值，由于不同的前期含水量、不同的土地利用类型其CN值不同，无法给出一个确定值，模型根据文献提供的参数值，依据前期降雨量和流域出口流量值进行率定和验证。

3. 汇流模块参数

该模块各栅格的坡度值根据栅格的DEM求得，曼宁系数（即糙率系数）主要参考第4章的表4-6和表4-7提供初始值，并根据流域出口的洪水过程线进行拟定。不同的土地利用类型的糙率值不同，同一种土地利用类型在不同时间的糙率也不一样，本次研究将该值简化认为所有土地利用类型的糙率相同。

4. 侵蚀模块中的参数

侵蚀模块的参数主要有细沟间可蚀性 K_{ib}、细沟可蚀性 K_{rb}、临界剪切力 τ_{cb}等，这些参数在WEPP模型中通过经验关系式估算，另外还有计算水流挟沙力时的系数 A、β、γ。系数 β、γ 根据表5-1结合流域出口水位流量泥沙资料率定。根据对黑土区小流域土壤理化性质的测定，采用在WEPP模型中土壤砂粒含量小于30%的情况下的计算公式如下。

耕地土壤的含砂量小于30%时，有

$$K_{ib}=6054000-5513000clay \tag{6-1}$$

$$K_{rb}=0.0069+0.134e^{-20clay} \tag{6-2}$$

$$\tau_{cb}=3.5 \tag{6-3}$$

式中：clay为黏粒含量，%。

本次研究通过作图比较法、相对误差和Nash-Sutcliffe效率系数ME对模型进行率定和验证。Nash和Sutcliffe在1970年提出了一个模型有效系数来估计模拟值与实测值符合得好坏（Nash，1970），即

$$ME=1-\frac{\sum(Y_{obs}-Y_{pred})^2}{\sum(Y_{obs}-Y_{mean})^2} \tag{6-4}$$

式中：ME为模型有效系数；Y_{obs}为观测值；Y_{pred}为预测值；Y_{mean}为观测值的平均值。

很多情况下模型有效系数与相关系数 R^2 相似，但是残差是用平均值计算的而不是预测值与观测值的最佳回归线值计算的。模型有效系数是与one-one线比较的而不是与最佳回归曲线比较。

分别选用不同雨量或者雨强及不同前期降雨量（主要是指前5天降雨量）的降雨产流过程，通过试错法比较实测的次降雨洪水过程线与模拟值，调整参数使实测值与模拟值拟合最佳，模型的效率系数不小于0.6得到的参数即为该次降雨的最佳参数值。根据各次降雨的参数值给定参数范围，并取各组参数值

的平均值作为最终的参数率定结果。

选择流域出口测流堰观测到的 5 场不同洪峰流量的降雨产流过程进行参数率定，选择计算步长为 60s 得到模拟的径流产沙过程线与实测值对比，如图 6－20所示。

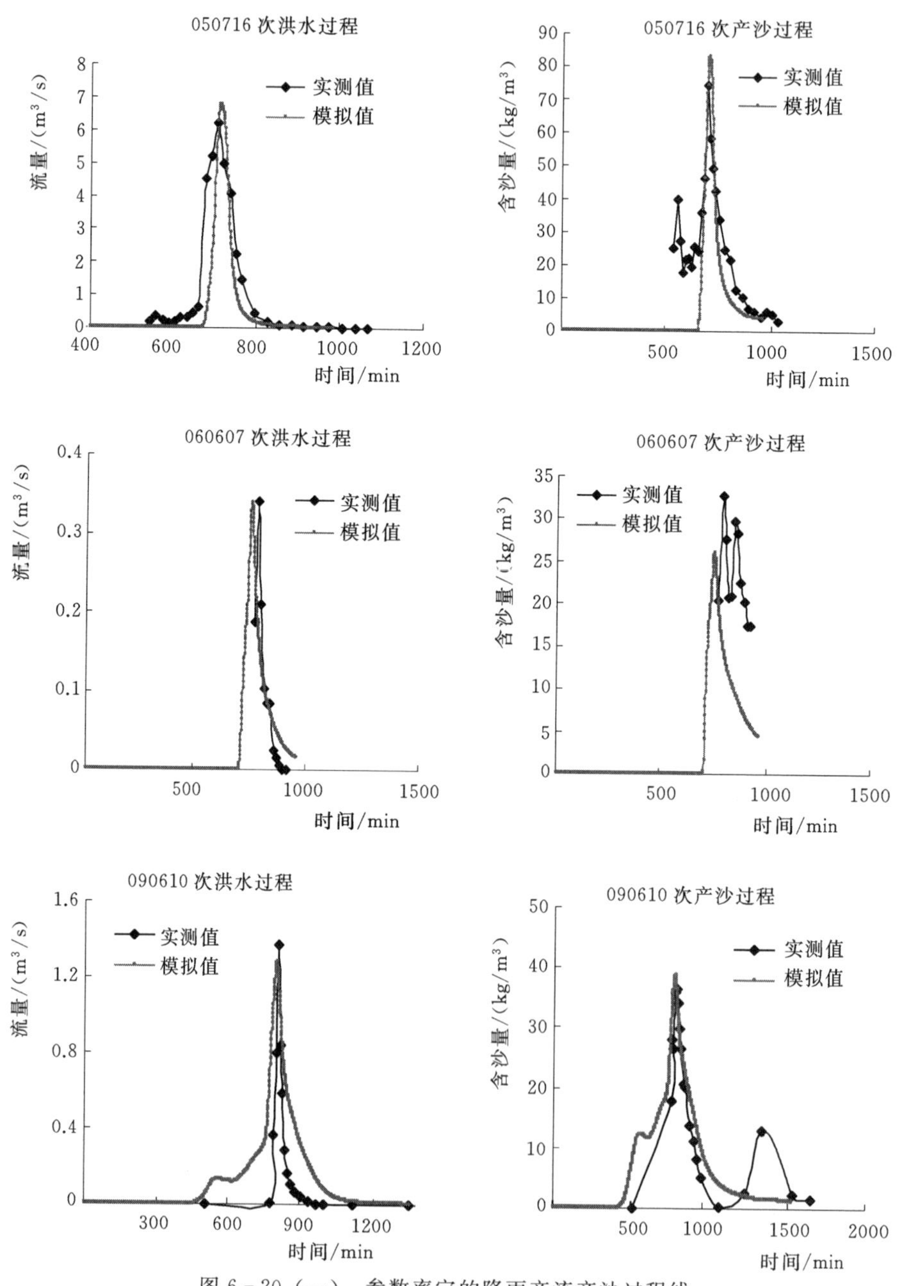

图 6－20（一） 参数率定的降雨产流产沙过程线

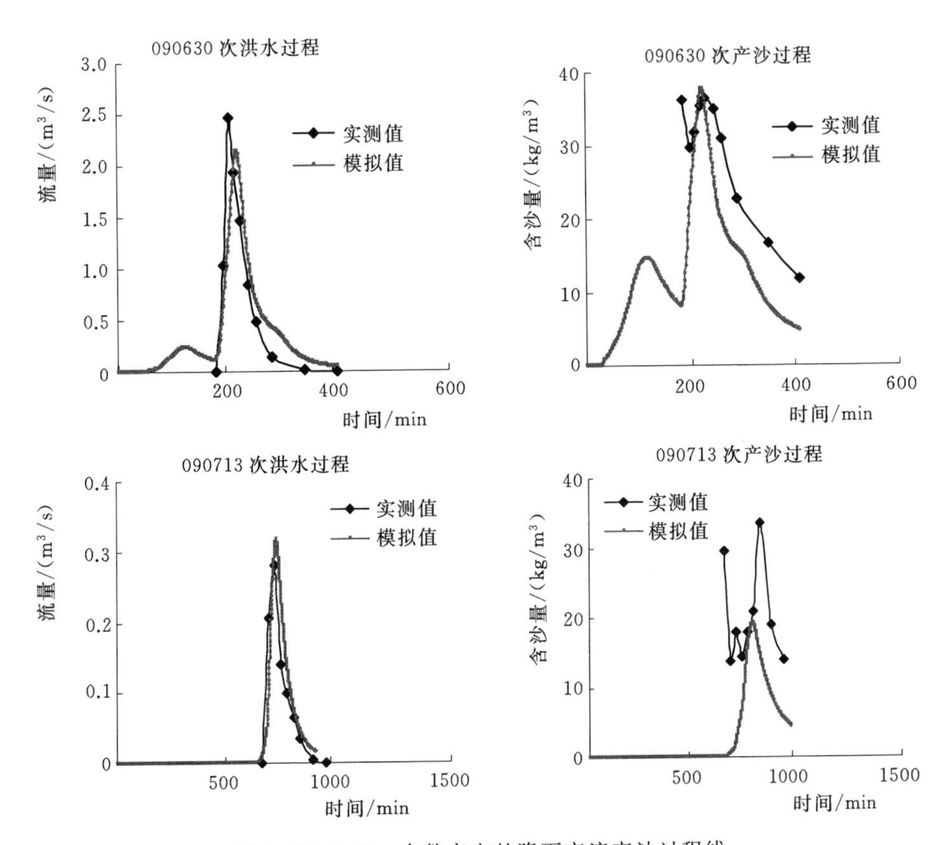

图 6-20（二） 参数率定的降雨产流产沙过程线

率定后得到的参数值见表 6-10。

由于受前期含水量随时间变化的影响，产流模型中的 CN 值不同湿润状况下取值不同，平均值不能反映实际情况，所以不能给定一个固定的取值。在模型应用时，中等湿润状况的 CN 值根据表 4-6 给定初始值，根据流域出口资料，综合考虑前期含水量的大小结合降雨特征率定。曼宁系数在一定程度上决定了流域汇水的速度，由于流域内土地利用类型较多，没有实测值作为对比，此次率定时将各种土地利用类型的曼宁系数看作是一样的。通过率定的结果发现，率定值比文献提供的所有类型的曼宁系数都小，需要在以后的研究中深入考虑。统计率定参数时模型的有

表 6-10 模型参数率定结果

参数名称	取值
t	60
n	0.005
A	3000
β	0.5
γ	0.5
K_r	0.0078
K_i	4463500
τ_{cb}	3.5

效性得到表6-11，洪峰流量和峰现时间的相对误差均在20%以内。

表6-11 不同场次降雨产流实测值与模拟值比较

洪次日期	洪峰流量/(m^3/s)		峰现时间/min		相对误差/%	
	实测值	模拟值	实测值	模拟值	洪峰流量	峰现时间
050716	6.20	6.77	708	714	9.2	0.8
060607	0.34	0.34	800	767	0	4.1
090610	1.37	1.28	808	801	6.6	0.9
090630	2.47	2.15	208	222	13.0	6.7
090713	0.28	0.32	735	817	14.3	11.2

6.8 模型验证

根据鹤北流域实测降雨量和径流量及泥沙资料，选定2004—2006年的4场典型降雨径流过程应用模型，比较实测值与模拟值见表6-12。结果表明，径流模拟过程与径流实测过程十分接近，结果是比较令人满意的，而产沙过程线除090617次产沙过程线符合较好外，其他场次模拟过程线与实测值符合得不是很好。比较实测的和模拟的产流产沙过程线如图6-21所示。

表6-12 不同场次降雨实测值与模拟值比较

洪次日期	洪峰流量/(m^3/s)		峰现时间/min		相对误差/%	
	实测值	模拟值	实测值	模拟值	洪峰流量	峰现时间
040830	0.67	0.57	83	65	14.9	21.7
090617	1.24	1.34	89	103	8.1	15.7
090619	0.59	0.61	190	286	3.4	15.8
090706	2.68	2.93	536	659	9.3	22.9

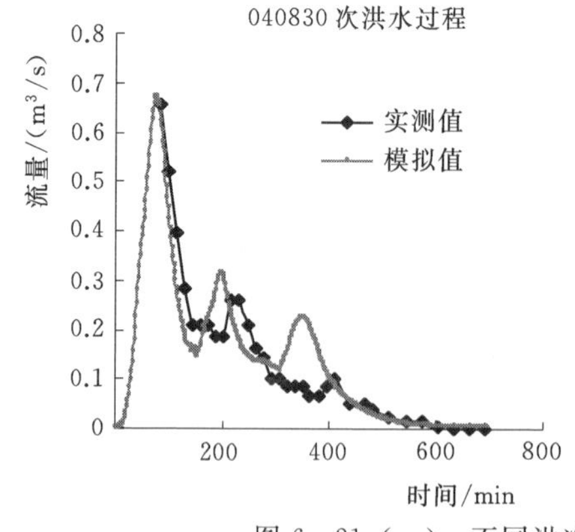

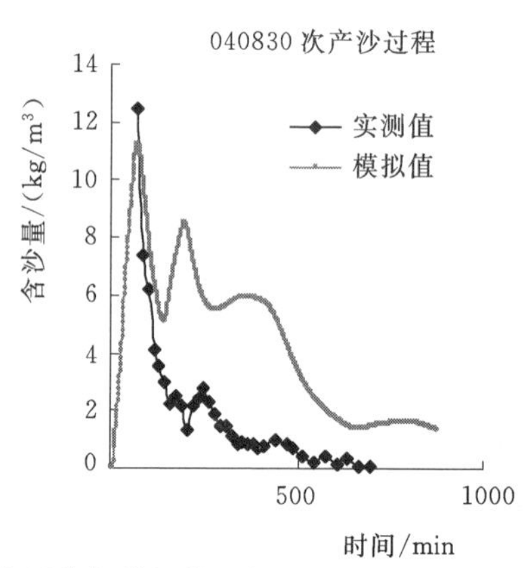

图6-21（一） 不同洪次实测值与模拟值比较

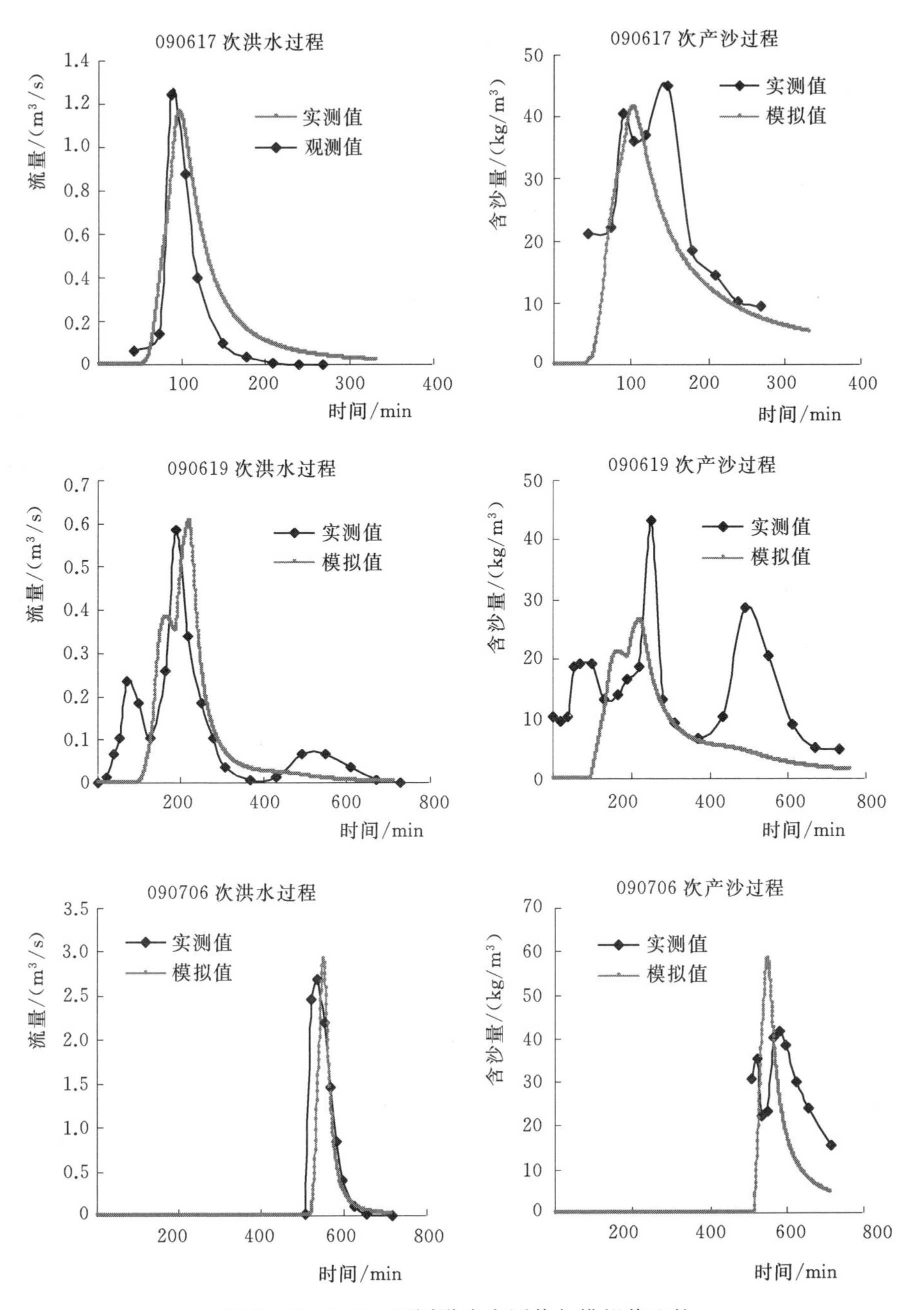

图 6-21（二） 不同洪次实测值与模拟值比较

从率定和验证结果看，模拟的径流过程与实测值符合较好，产沙过程的模拟结果误差较大。分析原因发现，实测的含沙量过程线消退段较洪水过程线的落洪段滞后，模型计算含沙量时是完全根据流量计算，洪水的涨退决定了含沙量过程线的涨退，所以模拟值与实测值比较误差较大。以 090706 次洪水来看，当洪水过程达到最大时，含沙量反而最小，含沙量过程线的消退明显落后于洪水过程线。090619 次洪水的沙峰也是在洪峰过后的 1h 出现，另外 090617 次洪水中有退水过程中含沙量突然增大的点，认为该点是取样造成误差的点。比较实测值和模拟值得到表 6-13，除 040830 次洪水的产沙量误差较大外，其他场次的流量和产沙量的模拟值与实测值比较相对误差均小于 30%。图 6-22 所示为小流域次降雨实测值与模拟值的比较，模型的效率系数 ME 径流量为 0.68，产沙量有效性系数为 0.95，洪峰流量和含沙量的效率系数分别为 0.98 和 0.62。

表 6-13　产流产沙实测值与模拟值比较

洪次日期	径流量/m^3		相对误差/%	产沙量/t		相对误差/%
	实测值	预测值		实测值	预测值	
040830	5923.41	5313.30	10.30	41.26	21.56	47.75
090617	4228.91	4350.15	2.87	157.89	122.19	22.61
090619	4417.85	5061.40	14.57	84.16	96.73	14.94
090706	9497.25	7892.75	16.89	290.9	338.52	16.37

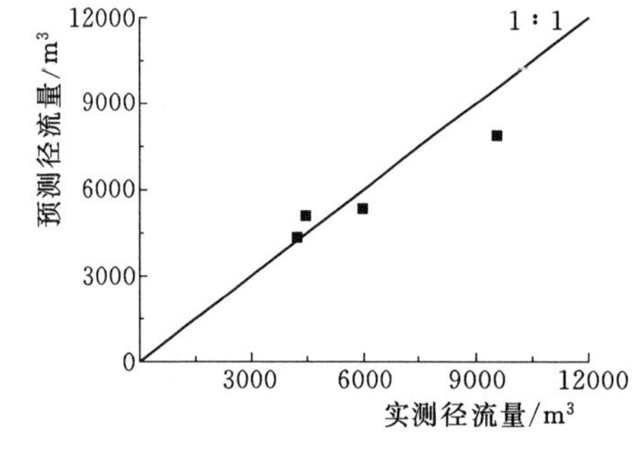

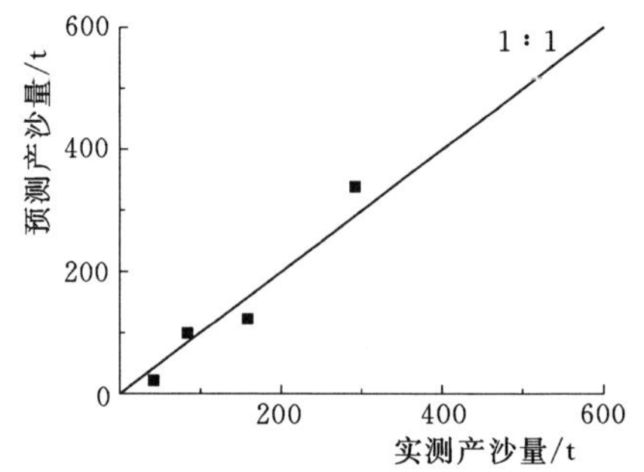

图 6-22　模型模拟值与实测值比较

在观测资料整理过程中，发现人工观测难度很大，有些场次的降雨产流产沙过程没能记录涨水阶段，有的错过了洪峰只记录了落水阶段；沙峰与洪峰出现时间不一致给模型模拟带来困难，一方面是因为取样观测误差；另一方面是因为泥沙运动和洪水运动的规律不同造成，但是模型计算时泥沙量完全依赖于径流量计算造成模拟的含沙量过程线与实测值误差较大。

参　考　文　献

[1] 吴希来，刘东安，徐洪军. 综合治理“三地”新法及效益分析 [J]. 黑龙江水利科技，2003，3：114.

[2] 芮孝芳. 水文学原理 [M]. 北京：中国水利水电出版社，2004.
[3] 芮孝芳. 关于降雨产流机制的几个问题的讨论 [J]. 水利学报，1996，(9)：22-26.
[4] 赵人俊. 流域水文模拟：新安江模型与陕北模型 [M]. 北京：水利电力出版社，1984.
[5] Foster G R. Understanding ephemeral gully erosion. Soil Conservation, vol. 2. National Academy of Science Press, Washington, DC, 1986, 90-125.
[6] Poesen J, Nachtergaele J, Verstraeten G, et al. Gully erosion and environmental change: importance and research needs [J]. Catena, 2003, 50: 91-133.
[7] 范昊明，蔡强国，崔明. 东北黑土漫岗区土壤侵蚀垂直分带性研究 [J]. 农业工程学报，2005，21 (6)：8-11.
[8] Horton R E. Erosional development of streams and their drainage basins, hydrological approach to quantitative morphology [A]. Bull. Geo. Soc. Am., 1945, 56: 275-370.
[9] 吴铁华，杨伟伟，凌祖国，等. 东北黑土区土壤侵蚀演替规律研究 [J]. 安徽农业科学，2007，35 (13)：3924-3925，4000.
[10] 王宝桐，张锋. 东北黑土区水土保持耕作措施防蚀机理及效果 [J]. 中国水土保持，2008，1：9-12.
[11] 张永光. 东北漫岗黑土区小流域浅沟侵蚀初步研究 [D]. 北京：北京师范大学，2006.
[12] 张永光，伍永秋，刘宝元. 东北漫岗黑土区春季冻融期浅沟侵蚀 [J]. 山地学报，2006，24 (3)：306-311.
[13] 胡刚，伍永秋，刘宝元，等. 东北漫岗黑土区浅沟侵蚀发育特征 [J]. 地理科学，2009，29 (4)：545-549.
[14] 伍永秋，刘宝元. 切沟、切沟侵蚀与预报 [J]. 应用基础与工程科学学报，2000，8 (2)：134-142.
[15] 江恩惠. 黄河下游洪水期沙峰滞后特性研究 [J]. 人民黄河，2006，28 (3)：19-25.
[16] Nash J E, Sutcliffe J E. River flow forecasting through conceptual models, Part 1-A discussion of principles [J]. J. Hydrol., 1970. 10 (3): 282-290.

第7章 模型程序开发

7.1 模型开发程序简介

科研工作者经常需要对各种数据进行分析处理，工作量很大且有大量的重复性工作，目前可用的统计分析软件包括 Matlab、VC、VB、VF 等，不同类型的软件需要投入大量精力来学习，尤其很多编程软件，在实现数据分析处理时需要大量的复杂编程工作，对于很多科研工作者来说往往力不从心，迫切需要一种工具，可以快速、高效地完成数据处理，且不需要专业复杂的编程。此处以 Excel 为平台，采用它的宏语言开发代码编写，基于它本身包含的大量函数，达到数据自动分析处理的目的。VBA（Visual Basic Application）是 Visual Basic 的一种宏语言，基于 Visual Basic for Windows 发展而来，是一种应用程序自动化语言，可以使常用的程序自动化，主要用来扩展 Windows 的应用程序功能，可以将 Excel 用作开发平台实现应用程序（伍永辉，2006）。它与传统的宏语言不同，传统的宏语言不具有高级语言的特征，没有面向对象的程序设计概念和方法，而 VBA 提供了面向对象的程序设计方法，提供了相当完整的程序设计语言（焦萍萍，2016；杜茂康，2002）。VBA 易于学习掌握，可以使用宏记录器记录用户的各种操作并将其转换为 VBA 程序代码。用户可以将日常工作转换为 VBA 程序代码，使工作自动化。另外，由于 VBA 可以直接应用 Office 套装软件的各项强大功能，所以对于程序设计人员的程序设计和开发更加方便快捷。

在 VBA 中，将每一个 Excel 文件视为一个工程，统一在工程资源管理窗口中进行管理（晶辰工作室，2000）。在工程资源管理器窗口可以看到打开的 Excel 文件及其加载宏，每个 Excel 文件对应的 VBA 工程都有 4 类对象，双击对象即可打开代码窗口，进行代码编写。

7.2 模型代码

模型开发基于 ArcGis 软件，先将小流域地形图在 ArcGis 中开展水文分析，计算时将小流域划分为 10m×10m 的栅格（根据流域大小和需要确定栅格大小）提取沟道、计算流线方向等处理，采用最陡坡降法 D8 确定水流方向，根据栅格流向确定流域各栅格的拓扑关系，即流域出口为 0 级栅格，流入出口的栅格为 1 级栅格，输出为具有流向代码的文件，将其放在 Excel 的流向和栅格等级 Sheet 中，在模型程序开发时，根据输出的文件规定水流流向及各栅格等级。将小流域土地利用图在 ArcGis 中重采样为 10m×10m 的栅格，明确不同土地利用类型代码，相同栅格有不同土地利用类型时按照面积大小取值，每个栅格都有唯一的土地利用代码，输出为土地利用代码的文件，将其单独放在 Excel 的土地利用 Sheet 中。这样，模型在 Excel 中基础数据分为基本参数页（Sheet）、土地利用类型页、栅格等级页、栅格坡度页、栅格流向页、降雨过程资料页等，根据需要可以将计算过程中的每个阶段成果输出放入 Excel 中不同 Sheet 页，包括截流计算结果、径流计算结果、汇流计算结果、汇流产沙过程计算结果等不同页。

VBA 应用程序是基于对象的，包括 Excel 对象、窗体、模块、类模块等对象，每个对象模块都包含事件过程，即代码，在事件过程中为相应事件执行指令。采用模块化的程序设计方法，即把应用程序按一定的原则划分为一个个较小的、相对独立的模块。模块有 4 种类型，即 Excel 对象、窗体、模块和类模块，每个模块都包含声明部分和过程部分。声明部分是定义常数、变量等；过程部分是通过 Sub、Function 定义过程，在过程中包含相应的代码片段。每个模块可以包含若干个过程。

东北黑土区小流域土壤侵蚀模型以 VBA 为开发平台，结合 Excel 方便简易的特点以模块化的结构编程实现，主要包括参数赋值模块、径流计算模块、汇流和产沙计算模块，参数定义见图 7-1。

```
Option Explicit
Dim R() As Double '径流
Dim PRe() As Double '净雨强
Dim Area() As Double '栅格内过水断面面积
Dim ACs() As Double '栅格内过水断面面积×含沙量(A×Cs)的值 (Kg/m)
Dim Ns As Double '曼宁糙率系数
Dim Kr As Double '计算细沟侵蚀量时用的土壤可蚀性经验参数
Dim SumT As Double '一次降雨历时
Dim detT As Double '计算汇流产沙的时间段
Dim detX As Double '流域栅格边长
Dim SUM_tn As Integer '计算汇流产沙的总时间段数
Dim Grad As Integer '栅格最高等级(从0级别开始)
Dim RAIN_STEP() As Double '不同时间累积历时、累积降雨、雨强信息
```

图 7-1 用 VBA 编程实现模型参数定义节选

如图 7－2 所示，在小流域土壤侵蚀模型代码中，该场次降雨保存为单独的 Excel 文件时，每一个 Excel 文件视为一个工程，打开该文件是一个单独的工程，查看宏时，可以看到该文件即该工程的代码，每一个 Sheet 页都是该工程的一个对象，当单击到 Sheet7 时，下面会显示出该页的属性。

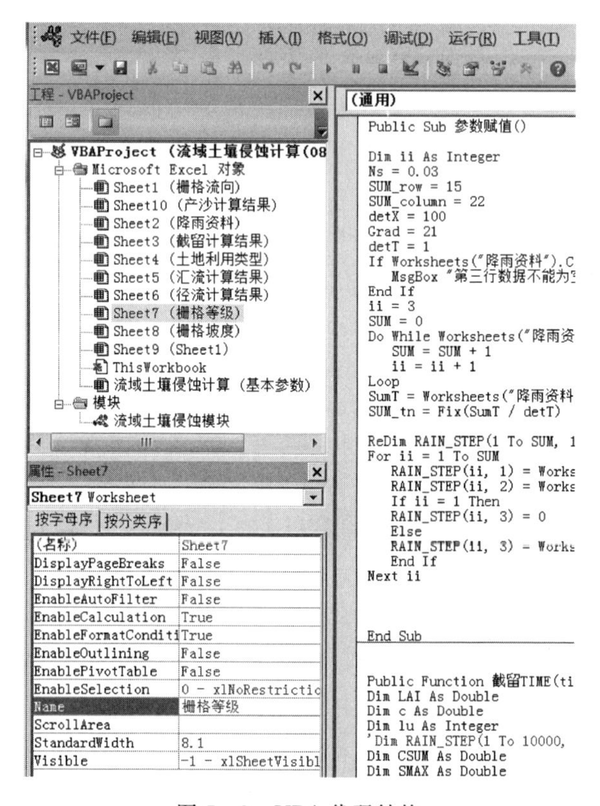

图 7－2　VBA 代码结构

7.3　模型应用介绍

将模型应用于小流域侵蚀产沙计算时，首先根据模型程序运行的需要，基于 GIS 等软件，将地形图进行预处理，输出成模型需要的格式，在 Excel 不同的页面中准备模型运算需要的基础数据，在视图工具栏单击宏，运行模型程序不同模块，在程序中指定输出结果保存的 Sheet 页完成计算。模型基础数据准备包括图 7－3 至图 7－8 共 6 个 Sheet 页的数据。

打开宏窗口，可以看到已定义好的模型模块。选择要运算的模块，然后单击“执行”按钮就可以完成操作，如图 7－9 所示。

	A	B	C	D	E	F	G	H	I	J
1	土地利用类型	叶面指数表LAI	植被盖度C	饱和导水率K	CN1	CN2	CN3	CN	X	TaoC
2	1	0.00	0	0.0142				83	0.15	0.5
3	2	0.00	0	0.0142				83	0.15	0.5
4	3	0.00	0	0.0142				83	0.15	0.5
5	4	0.00	0	0.0142				83	0.15	0.5
6	5	0.00	0	0.0142				83	0.15	0.5
7	6	0.00	0	0.0142				80	0.15	0.5
8	7	0.00	0	0.0142				83	0.15	0.5

备注：

1：CN1、CN2、CN3为根据前5天降雨量确定的值

2：X值为计算径流时，径流不为0时的降雨分界点（P<X*s时，R=0）

基本参数

序号	符号	单位	数值	备注
1	sum_row	个	15	流域总行数
2	sum_column	个	22	流域总列数
3	detX	m	100	流域栅格边长
4	Grad	——	22	流域栅格最高等级
5	sum_IJ	个	230	流域栅格总数

图 7-3 基本参数页

P22

	A	B	C	D	E	F	G	H	I	J	K	L	M	N	O	P	Q	R	S	T	U	V
1																	3	3				
2															3	3	3	3	3			
3							3	3	3	3	3	3	3	3	3	3	3	3	3			
4					3	3	3	3	3	3	3	3	3	3	3	3	3	3	3	3		
5				6	6	6	6	6	6	3	3	3	3	3	3	3	3	3	3	3		
6			3	1	6	6	6	6	6	6	6	6	6	6	2	2	3	3	3	3	3	
7		3	3	3	6	6	6	2	2	6	6	6	2	2	3	3	3	3	3	3	3	3
8	3	5	5	5	3	3	3	3	3	3	3	4	4	6	6	3	3	3	3	3	3	3
9	3	3	3	3	3	3	3	3	3	4	4	4	3	3	3	3	3	3	3	3	3	3
10		3	3	3	3	3	3	3	3	3	3	4	4	3	3	3	3	3	3	3	3	
11			3	3	6	3	3	3	3	3	3	3	3	3	3	3	3	3	3	3	3	
12				3	3	3	3	3	3	3	3	3	3	3	3	3	3	3	3	3	3	
13					3	3	3	3	3	3	3	3	3	3	3	3	3	3	3	3		
14						3	3	3	3	3	3	3	3	3	3	3	3	3				
15							3	3	3	3	3	3	3									
16																						
17																						
18																						
19																						

图 7-4 土地利用类型页

	A	B	C	D	E	F	G	H	I	J	K	L	M	N	O	P	Q	R	S	T	U	V	W
1																	20	20					
2															19	19	19	19	19				
3							6	7	8	9	10	11	17	17	18	18	18	18	18				
4					4	5	6	7	8	9	10	15	16	16	17	17	17	17	18	19			
5				3	4	5	6	7	8	9	11	14	15	15	16	16	16	17	18	19			
6			2	3	4	5	6	7	8	10	13	13	14	14	15	15	16	17	18	19	20		
7		1	2	3	4	5	6	7	9	9	12	12	13	13	14	15	16	17	18	19	20	21	
8	0	1	2	3	4	5	6	8	8	9	11	11	12	13	14	15	16	17	18	19	20	21	
9	1	1	3	3	4	5	6	7	8	9	10	11	12	13	14	15	16	17	18	19	20	21	
10		2	2	4	5	6	6	8	9	10	11	11	12	13	14	15	16	17	18	19	20		
11			3	5	6	7	7	9	10	11	12	12	13	14	14	15	16	17	18	19	20		
12				6	7	8	8	10	11	12	13	13	14	15	15	15	16	17	18	19	20		
13					7	9	9	11	12	13	14	14	15	16	16	17	18	17	18	19			
14						8	10	12	13	14	15	15	16	16	17	17	18	19					
15							9	13	14	14	15	16	16										
16																							

图 7-5 栅格等级页

	A	B	C	D	E	F	G	H	I	J	K	L	M	N	O	P	Q	R	S	T	U	V
1																	0.64	0.38				
2															1.09	1.55	1.7	1.09	0.48			
3							1.29	1.5	1.3	1.24	1.03	0.94	0.87	1.33	1.96	2.26	2.37	1.93	0.79			
4					1.42	2.55	2.69	2.47	2.38	2.3	2.14	2.03	2.06	2.16	2.24	2.25	2.4	2.48	1.63	0.61		
5				1.88	2.76	2.99	2.96	2.78	2.66	2.58	2.53	2.49	2.6	2.76	2.78	2.55	2.37	2.6	2.46	1.25		
6			1.65	2.34	2.56	2.8	2.98	3.04	3.01	2.95	2.9	2.85	2.81	2.79	2.58	2.44	2.72	2.75	2.67	1.71	0.66	
7		1.29	1.99	2.26	2.5	2.55	2.61	2.8	2.9	2.96	2.99	2.98	2.6	1.74	1.6	2.43	2.74	2.72	2.7	2.12	1.14	0.36
8	0.93	1.1	0.91	0.97	1.5	1.92	2.01	2.17	2.35	2.36	2.4	2.11	1.88	2.63	3.05	2.9	2.57	2.65	2.63	2.16	1.42	0.62
9	1.17	2.35	2.28	2.01	1.54	1.16	1.01	0.91	1.1	0.84	0.77	1.4	2.7	3.46	2.81	2.29	2.26	2.5	2.43	1.99	1.27	0.66
10		2.11	2.63	2.79	3	3.08	3.01	2.97	2.87	2.68	2.64	2.33	2.19	2.99	2.86	2.38	2.12	2.22	2.25	1.92	1.11	
11			1.8	2.5	2.97	3.26	3.43	3.39	3.2	3.06	2.92	2.77	2.4	2.19	2.6	2.37	2.05	2.26	2.42	2.03	0.89	
12				1.8	2.58	2.85	2.96	2.92	2.88	2.81	2.7	2.69	2.85	2.91	2.85	2.7	2.43	2.49	2.45	1.6	0.52	
13					1.81	2.43	2.55	2.57	2.56	2.45	2.3	2.23	2.3	2.39	2.31	2.35	2.34	1.82	1.65	0.84		
14						1.6	2.02	2.07	2	1.7	1.42	1.4	1.2	1.05	1.11	1.27	1.56	1.03				
15							0.99	1.03	0.94	0.63	0.17	0.55	0.36									
16																						

图 7-6　栅格坡度页（灰色为沟道栅格）

	A	B	C	D	E	F	G	H	I	J	K	L	M	N	O	P	Q	R	S	T	U	V	W
1																	8	8					
2															4	4	4	8	8				
3							8	8	8	8	8	8	4	4	4	4	4	8	8				
4					8	8	8	8	8	8	8	4	4	4	4	4	8	8	8	8			
5				8	8	8	8	8	8	8	8	4	4	4	4	4	8	8	16	16			
6			8	8	8	8	8	8	8	4	4	4	4	4	4	8	16	16	16	16	16		
7		8	8	8	8	8	8	8	8	4	4	4	4	4	4	8	16	16	16	16	16	32	
8	16	16	16	16	16	16	8	4	8	8	4	8	8	16	16	32	32	16	16	16	16	16	
9	64	32	64	32	32	16	16	16	16	16	16	16	16	32	32	32	32	32	32	32	32	16	
10		32	32	64	64	64	32	64	64	32	64	32	32	16	16	8	16	8	16	8	16		
11			32	64	64	64	64	64	64	64	64	64	64	32	16	16	16	16	16	16	16		
12				64	64	64	64	64	64	64	64	64	64	64	32	32	32	32	16	16	32		
13					32	64	64	64	64	64	64	64	64	64	32	32	16	32	32	32			
14						32	32	64	64	64	64	64	64	32	64	32	32	32					
15							32	64	64	32	32	16	32										
16																							
17																							

图 7-7　栅格流向页

	A	B	C	D	E
1	累积降雨(mm)	累积历时(min)	瞬时降雨		
2			降雨mm	历时(min)	
3	0	0.0000	0.0000	0	
4	4.6	10.0	4.62	10.0000	
5	11.8	20.0	7.13	10.0000	
6	25.5	30.0	13.78	10.0000	
7	35.1	35.0	9.54	5.0000	
8	47.4	40.0	12.31	5.0000	
9	66.5	50.0	19.08	10.0000	
10	80.3	60.0	13.78	10.0000	
11	91.9	70.0	11.67	10.0000	
12	101.6	80.0	9.72	10.0000	
13	108.8	90.0	7.13	10.0000	
14	115.7	105.0	6.93	15.0000	
15	122.4	120.0	6.68	15.0000	
16					
17					
18					

图 7-8　降雨过程页

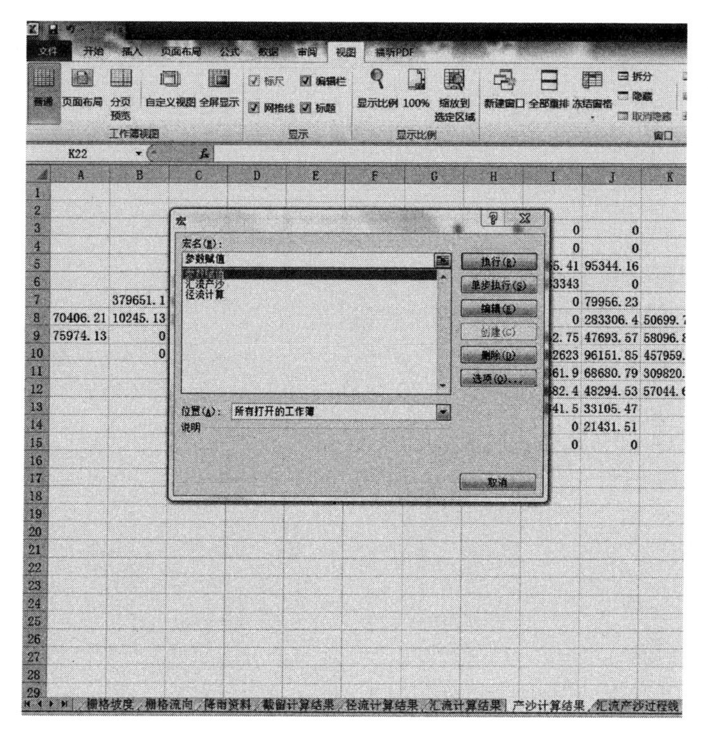

图 7-9 运行宏的界面

参 考 文 献

[1] 伍永辉. Excel VBA 应用高效开发：案例精华版 [M]. 北京：电子工业出版社，2006.

[2] 焦萍萍，周显春. EXCEL 中的 VBA 程序设计 [J]. 电脑知识与技术，2016 (11)：63-64.

[3] 杜茂康. Excel 与数据处理 [M]. 北京：电子工业出版社，2002.

[4] 晶辰工作室. Excel 2000 中文版 VBA 开发实例指南 [M]. 北京：电子工业出版社，2000.

附录 模型源代码

1. 采用径流曲线数方法计算径流的模型代码

采用SCS模型方法计算径流的模型代码如下：

```
Option Explicit
Dim f() As Double                '计算时刻累积入渗量
Dim R() As Double                '径流
Dim PRe() As Double              '净雨强
Dim Ns As Double                 '曼宁糙率系数
Dim Ka As Double                 '计算细沟间侵蚀量时用的土壤可蚀性经验参数
Dim Kr As Double                 '计算细沟侵蚀量时用的土壤可蚀性经验参数
Dim D50 As Double                '土壤的中值粒径
Dim FJ As Double                 '土壤内聚力
Dim SumT As Double               '一次降雨历时
Dim detT As Double               '计算汇流产沙的时间段
Dim detX As Double               '流域栅格边长
Dim SUM_tn As Integer            '计算汇流产沙的总时间段数
Dim Grad As Integer              '栅格最高等级(从0级别开始)
Dim RAIN_STEP() As Double        '不同时间累积历时、累积降雨、雨强信息
Dim q() As Double
Dim Cs() As Double               '含沙量
Dim CsT() As Double              '每一时刻的含沙量
Dim Di() As Double               '细沟间侵蚀
Dim Df() As Double               '细沟侵蚀
Dim QT() As Double
Dim Flux() As Double             '存储流域出口每个时间段的汇流量
Dim Sand() As Double             '存储流域出口每个时间段的产沙量
Dim SUM_column As Integer        '土地类型数据总列数
Dim SUM_row As Integer           '土地类型数据总行数
Dim SUM_IJ As Integer            '土地类型数据有效栅格数
Dim Sum As Integer               '断点降雨资料时间总断点数
Dim DenS As Double               '土壤密度
Dim RZ_S As Double               '土壤容重
Public Function newton(q1 As Double,q2 As Double,q3 As Double,Re As Double,A0 As Double,Xi As
Double,Cof As Double,dx As Double,SumP As Double)
```

```
Dim jj As Integer
Dim x0 As Double
Dim X1 As Double
Dim X2 As Double
Dim X3 As Double
Dim X4 As Double
Dim X5 As Double
Dim a As Double
a=0
Dim B As Double
B=100

Dim Fx As Double
Dim Gx As Double

Dim Rot_q As Double

Dim MaxN As Integer
Dim e As Double
MaxN=10000
e=0.00000000000001


jj=1
      Do While jj<MaxN
      x0=a+(B-a)/2
      '保证零的任何次方都是零,程序中零的负数次方没有意义
      If x0=0 Then
         X1=0
      Else
         X1=x0 ^ Cof
      End If

      If q1=0 Then
         X2=0
      Else
         X2=q1 ^ Cof
      End If

      If q2=0 Then
         X3=0
```

```
Else
   X3=q2 ^ Cof
End If

If q3=0 Then
   X4=0
Else
   X4=q3 ^ Cof
End If

If a=0 Then
   X5=0
Else
   X5=a ^ Cof
End If


      Fx=Xi * (x0-q1)+(1-Xi) * (q2-q3)+A0 * (Xi * (X1+X2)+(1-Xi) * (X3+X4)) *
(x0-q2+q1-q3)-Re * dx-SumP
      Gx=Xi * (a-q1)+(1-Xi) * (q2-q3)+A0 * (Xi * (X5+X2)+(1-Xi) * (X3+X4)) * (a-q2
+q1-q3)-Re * dx-SumP
      If Fx=0 Or(B-a)/2<e Then
         Rot_q=x0
         Exit Do
      ElseIf Gx=0 Then
         Rot_q=a
         Exit Do
      Else
      jj=jj+1
      If jj=MaxN Then
      MsgBox ("迭代次数达到最大值,方程不收敛!")
      End If
         If Sgn(Fx) <> Sgn(Gx) Then
         B=x0
         Else
         a=x0
         End If

      End If
Loop
newton=Rot_q
```

```
End Function
Public Function Search_SumP(ii As Integer,Gd As Integer,i As Integer,j As Integer)
Dim Ni As Integer
Dim Nj As Integer
Dim Nii As Integer
Dim Njj As Integer
Dim Tii As Integer
Dim Tjj As Integer
Dim Idx As Integer
Dim Lx As Integer
Dim SumP As Double '旁侧入流总量

Dim NIJ(1 To 8,1 To 2) As Integer
If Worksheets("栅格等级").Cells(i,j) <> "" And Worksheets("栅格等级").Cells(i,j)=
Gd Then
Lx=Worksheets("栅格流向").Cells(i,j)
Select Case Lx
Case 1
Ni=i
Nj=j+1
Case 2
Ni=i+1
Nj=j+1
Case 4
Ni=i+1
Nj=j
Case 8
Ni=i+1
Nj=j-1
Case 16
Ni=i
Nj=j-1
Case 32
Ni=i-1
Nj=j-1
Case 64
Ni=i-1
Nj=j
Case 128
Ni=i-1
Nj=j+1
Case Else
```

```
MsgBox "栅格流向参数错误,参数只能为 1、2、4、8、16、32、64、128!",,"数据文件错误"
End Select
End If

Idx=1
SumP=0
For Tii=1 To SUM_row
  For Tjj=1 To SUM_column
  If Worksheets("栅格等级").Cells(Tii,Tjj) <> "" And Worksheets("栅格等级").Cells(Tii,Tjj) = Gd Then
  Lx=Worksheets("栅格流向").Cells(Tii,Tjj)
  Select Case Lx
    Case 1
    Nii=Tii
    Njj=Tjj+1
    Case 2
    Nii=Tii+1
    Njj=Tjj+1
    Case 4
    Nii=Tii+1
    Njj=Tjj
    Case 8
    Nii=Tii+1
    Njj=Tjj-1
    Case 16
    Nii=Tii
    Njj=Tjj-1
    Case 32
    Nii=Tii-1
    Njj=Tjj-1
    Case 64
    Nii=Tii-1
    Njj=Tjj
    Case 128
    Nii=Tii-1
    Njj=Tjj+1
    Case Else
    MsgBox "栅格流向参数错误,参数只能为 1、2、4、8、16、32、64、128!",,"数据文件错误"
  End Select
      If Ni=Nii And Nj=Njj Then
      NIJ(Idx,1)=Tii
```

```
        NIJ(Idx,2)=Tjj
        Idx=Idx+1
          If ii=0 Then
          SumP=0
          Else
              If Tii <> i Or Tjj <> j Then
              SumP=SumP+QT(Tii,Tjj)
              End If
          End If
        End If

    End If
    Next Tjj
  Next Tii
  Search_SumP=SumP
  End Function


  Public Sub 参数赋值()

  Dim ii As Integer
  DenS=2300
  RZ_S=1200
  D50=0.05/1000
  FJ=10
  Ns=0.03
  Ka=4460000
  Kr=0.2
  SUM_row=Worksheets("基本参数").Cells(16,4)
  SUM_column=Worksheets("基本参数").Cells(17,4)
  detX=Worksheets("基本参数").Cells(18,4)
  Grad=Worksheets("基本参数").Cells(19,4)
  detT=60   '汇流产沙时间步长,单位为秒
  If Worksheets("降雨资料").Cells(3,1)="" Then
     MsgBox "第三行数据不能为空!",,"数据文件错误"
  End If
  ii=3
  Sum=0
  Do While Worksheets("降雨资料").Cells(ii,1) <> ""
     Sum=Sum+1
     ii=ii+1
```

```
Loop
SumT=Worksheets("降雨资料").Cells(Sum+2,2)
SUM_tn=Fix(SumT * 60/detT)+Fix(3600/detT) '计算到降雨结束1小时的时刻

ReDim RAIN_STEP(1 To Sum,1 To 3) As Double  '不同时间累积历时、累积降雨、雨强信息
For ii=1 To Sum
   RAIN_STEP(ii,1)=Worksheets("降雨资料").Cells(ii+2,2).Value
   RAIN_STEP(ii,2)=Worksheets("降雨资料").Cells(ii+2,1).Value
   If ii=1 Then
   RAIN_STEP(ii,3)=0
   Else
   RAIN_STEP(ii,3)=Worksheets("降雨资料").Cells(ii+2,3)/Worksheets("降雨资料").Cells(ii+
2,4)
   End If
Next ii

End Sub




Public Sub 径流计算()
'清空"径流计算结果"表中的内容
Sheets("径流计算结果").Select
Cells.Select
Selection.ClearContents
Range("A1").Select

Dim i As Integer
Dim ii As Integer
Dim j As Integer
Dim jj As Integer
Dim lu As Integer             '土地利用类型

ReDim f(1 To Sum,1 To SUM_row,1 To SUM_column) As Double  '计算时刻累积入渗量
ReDim R(1 To Sum,1 To SUM_row,1 To SUM_column) As Double  '径流(mm)
Dim CN As Double
Dim S As Double
Dim X As Double

Dim nn As Integer
```

```
nn=0
For jj=1 To Sum
'调试输出
'Debug. Print jj
  For i=1 To SUM_row
    For j=1 To SUM_column
      If Worksheets("土地利用类型"). Cells(i,j) <> "" Then
        lu=Worksheets("土地利用类型"). Cells(i,j). Value
        Select Case lu
        Case 1
        CN=Worksheets("基本参数"). Cells(2,8)
        X=Worksheets("基本参数"). Cells(2,9)
        Case 2
        CN=Worksheets("基本参数"). Cells(3,8)
        X=Worksheets("基本参数"). Cells(3,9)
        Case 3
        CN=Worksheets("基本参数"). Cells(4,8)
        X=Worksheets("基本参数"). Cells(4,9)
        Case 4
        CN=Worksheets("基本参数"). Cells(5,8)
        X=Worksheets("基本参数"). Cells(5,9)
        Case 5
        CN=Worksheets("基本参数"). Cells(6,8)
        X=Worksheets("基本参数"). Cells(6,9)
        Case 6
        CN=Worksheets("基本参数"). Cells(7,8)
        X=Worksheets("基本参数"). Cells(7,9)
        Case 7
        CN=Worksheets("基本参数"). Cells(8,8)
        X=Worksheets("基本参数"). Cells(8,9)
        End Select

        S=25400/CN-254
        If RAIN_STEP(jj,2)<X * S Then
          R(jj,i,j)=0
        Else
          R(jj,i,j)=(RAIN_STEP(jj,2)-X * S)^2/(RAIN_STEP(jj,2)+0.8 * S)
        End If
        Worksheets("径流计算结果"). Cells(nn * SUM_row+i,j)=R(jj,i,j)        '单位 mm
    End If   '关于 worksheets("土地利用类型")的判断计算完毕
  Next j
```

```
    Next i
nn=nn+1
Next jj
End Sub



Public Sub 汇流产沙()
'清空"汇流计算结果"表中的内容
Sheets("汇流计算结果").Select
Cells.Select
Selection.ClearContents
Range("A1").Select
'清空"产沙计算结果"表中的内容
Sheets("产沙计算结果").Select
Cells.Select
Selection.ClearContents
Range("A1").Select
'清空"汇流产沙过程线"表中的内容
Sheets("汇流产沙过程线").Select
Cells.Select
Selection.ClearContents
Range("A1").Select

'Call 参数赋值
Dim q1 As Double
Dim q2 As Double
Dim q3 As Double

ReDim q(0 To Grad,0 To SUM_tn)                                  '每级栅格不同时刻流量
ReDim QT(1 To SUM_row,1 To SUM_column) As Double                '每个栅格的流量
ReDim Flux(SUM_tn)                                              '存储流域出口每个时段的流量
ReDim Sand(SUM_tn)                                              '存储流域出口每个时段的产沙量
ReDim PRe(1 To SUM_row,1 To SUM_column)                         '每个栅格净雨强
ReDim Di(0 To Grad,0 To SUM_tn)                                 '细沟间侵蚀量
ReDim Df(0 To Grad,0 To SUM_tn)                                 '细沟侵蚀量
ReDim Cs(0 To Grad,0 To SUM_tn)                                 '含沙量
ReDim CsT(1 To SUM_row,1 To SUM_column) As Double               '每一时刻的含沙量

Dim Gd As Integer                                               '存储栅格级别
Dim p As Double                                                 '雨强
```

```
Dim Re As Double
Dim K As Double                    '饱和导水率
Dim Ks As Double                   '流量与水深之间的系数
Dim Fi As Double                   '栅格坡度值
Dim S0 As Double                   '坡度的 sin 值
Dim AL As Double                   '流量与水深的指数
Dim Xi As Double                   '权重
Dim Xita As Double
Dim dx As Double
Dim tn As Double
Dim i As Integer
Dim ii As Integer
Dim j As Integer
Dim jj As Integer
Dim lu As Integer
Dim Lx As Integer                  '记录栅格流向
Dim A0 As Double                   '方程常系数
Dim Cof As Double                  '方程指数常数
Dim tt As Integer
Dim nn As Double

Dim S As Double                    '栅格坡度
Dim BB As Double                   '细沟宽度
Dim TC As Double                   '挟沙力
Dim TCf As Double                  '细沟水流挟沙力
Dim CC As Double
Dim Lmd As Double                  '细沟湿周
Dim RR As Double
Dim hh As Double
Dim hh1 As Double
Dim hh2 As Double
Dim hh3 As Double
Dim hh4 As Double
Dim hr As Double
Dim A1 As Double
Dim A2 As Double
Dim A3 As Double
Dim A4 As Double
Dim M As Double
Dim Tao As Double
Dim TaoC As Double
```

```
Dim TaoF As Double
Dim ws As Double                                    '泥沙沉降速度
Dim DiDf As Double
Dim SumP As Double                                  '旁侧入流总量

ReDim R(1 To Sum,1 To SUM_row,1 To SUM_column) As Double  '径流(mm)
Dim sn As Integer
Dim sm As Integer
sn=0
sm=1
For ii=1 To Sum
   For i=1 To SUM_row
       For j=1 To SUM_column
          R(ii,i,j)=Worksheets("径流计算结果").Cells(sn * SUM_row+i,j)
          'Debug.Print R(ii,i,j)
       Next j
   Next i
   sn=sn+1
Next ii

Dim PI As Double
PI=3.1415926

Dim Rot As Double   '方程根
Dim Rot1 As Double

'给 qq(0 To Grad,0 To SUM_tn)赋值边界条件
For jj=0 To SUM_tn
q(0,jj)=0
Next jj
For jj=0 To Grad
q(jj,0)=0
Next jj

'tn=Grad
For ii=0 To SUM_tn-1   '时间
'For ii=0 To 1
   For nn=0 To Grad-1   '栅格级别
       Gd=Grad-nn
          For i=1 To SUM_row
              For j=1 To SUM_column
```

```
        If Worksheets("栅格等级").Cells(i,j) <> "" And Worksheets("栅格等级").Cells(i,
j)=Gd Then
            Lx=Worksheets("栅格流向").Cells(i,j)
            If nn=0 And ii=0 Then '求方程前给 q(nn,ii+1) q(nn+1,ii) q(nn,ii)赋初值开始
                q(nn,ii+1)=0
                q(nn+1,ii)=0
                q(nn,ii)=0
                Cs(nn,ii+1)=0
                Cs(nn+1,ii)=0
                Cs(nn,ii)=0
            ElseIf nn <> 0 And ii=0 Then
                q(nn+1,ii)=0
                q(nn,ii)=0
                q(nn,ii+1)=Worksheets("汇流计算结果").Cells(i,j)
                Cs(nn+1,ii)=0
                Cs(nn,ii)=0
                Cs(nn,ii+1)=Worksheets("产沙计算结果").Cells(i,j)
            ElseIf nn=0 And ii <> 0 Then
                q(nn,ii+1)=0
                q(nn,ii)=0
                Cs(nn,ii+1)=0
                Cs(nn,ii)=0
                Select Case Lx
                Case 1
                q(nn+1,ii)=QT(i,j+1)
                Cs(nn+1,ii)=CsT(i,j+1)
                Case 2
                q(nn+1,ii)=QT(i+1,j+1)
                Cs(nn+1,ii)=CsT(i+1,j+1)
                Case 4
                q(nn+1,ii)=QT(i+1,j)
                Cs(nn+1,ii)=CsT(i+1,j)
                Case 8
                q(nn+1,ii)=QT(i+1,j-1)
                Cs(nn+1,ii)=CsT(i+1,j-1)
                Case 16
                q(nn+1,ii)=QT(i,j-1)
                Cs(nn+1,ii)=CsT(i,j-1)
                Case 32
                q(nn+1,ii)=QT(i-1,j-1)
                Cs(nn+1,ii)=CsT(i-1,j-1)
```

```
        Case 64
        q(nn+1,ii)=QT(i-1,j)
        Cs(nn+1,ii)=CsT(i-1,j)
        Case 128
        q(nn+1,ii)=QT(i-1,j+1)
        Cs(nn+1,ii)=CsT(i-1,j+1)
        Case Else
        MsgBox "栅格流向参数错误,参数只能为1、2、4、8、16、32、64、128!",,"数据文件错误"
        End Select
    Else
        q(nn,ii+1)=Worksheets("汇流计算结果").Cells(i,j)
        q(nn,ii)=QT(i,j)
        Cs(nn,ii+1)=Worksheets("产沙计算结果").Cells(i,j)
        Cs(nn,ii)=CsT(i,j)
        Select Case Lx
        Case 1
        q(nn+1,ii)=QT(i,j+1)
        Cs(nn+1,ii)=CsT(i,j+1)
        Case 2
        q(nn+1,ii)=QT(i+1,j+1)
        Cs(nn+1,ii)=CsT(i+1,j+1)
        Case 4
        q(nn+1,ii)=QT(i+1,j)
        Cs(nn+1,ii)=CsT(i+1,j)
        Case 8
        q(nn+1,ii)=QT(i+1,j-1)
        Cs(nn+1,ii)=CsT(i+1,j-1)
        Case 16
        q(nn+1,ii)=QT(i,j-1)
        Cs(nn+1,ii)=CsT(i,j-1)
        Case 32
        q(nn+1,ii)=QT(i-1,j-1)
        Cs(nn+1,ii)=CsT(i-1,j-1)
        Case 64
        q(nn+1,ii)=QT(i-1,j)
        Cs(nn+1,ii)=CsT(i-1,j)
        Case 128
        q(nn+1,ii)=QT(i-1,j+1)
        Cs(nn+1,ii)=CsT(i-1,j+1)
        Case Else
        MsgBox "栅格流向参数错误,参数只能为1、2、4、8、16、32、64、128!",,"数据文件
```

```
错误"
                    End Select
                End If '求方程前给 q(nn,ii+1) q(nn+1,ii) q(nn,ii)赋初值完毕

                  q1=q(nn,ii+1)
                  q2=q(nn+1,ii)
                  q3=q(nn,ii)

                   lu=Worksheets("土地利用类型").Cells(i,j).Value
                   Select Case lu
                   Case 1
                   K=Worksheets("基本参数").Cells(2,4).Value
                   Case 2
                   K=Worksheets("基本参数").Cells(3,4).Value
                   Case 3
                   K=Worksheets("基本参数").Cells(4,4).Value
                   Case 4
                   K=Worksheets("基本参数").Cells(5,4).Value
                   Case 5
                   K=Worksheets("基本参数").Cells(6,4).Value
                   Case 6
                   K=Worksheets("基本参数").Cells(7,4).Value
                   Case 7
                   K=Worksheets("基本参数").Cells(8,4).Value
                   End Select
                   If ii * detT=0 Then
                      p=RAIN_STEP(2,3) * 10 ^ (-3)/60
                      PRe(i,j)=((R(ii+2,i,j)-R(ii+1,i,j))/1000)/(60 * (RAIN_STEP(ii+2,
1)-RAIN_STEP(ii+1,1))) '净雨强,单位 m/s
                   Else
                      For jj=1 To Sum-1
                         If RAIN_STEP(jj,1) * 60<ii * detT And ii * detT <= RAIN_STEP(jj+
1,1) * 60 Then   '* 60 把时间转换为秒
                         p=RAIN_STEP(jj+1,3) * 10 ^ (-3)/60
                         PRe(i,j)=((R(jj+1,i,j)-R(jj,i,j))/1000)/(60 * (RAIN_STEP(jj+1,
1)-RAIN_STEP(jj,1))) '净雨强,单位 m/s
                         Exit For
                         End If
                      Next jj
                   End If '有关 ii * detT 的判断结束
```

```
'计算的时间超过最大降雨历时,则净雨强设置为 0
If ii * detT > RAIN_STEP(Sum,1) * 60 Then      '* 60 把时间转换为秒
    PRe(i,j)=0
    p=0
    'PRe(i,j)=0.95 ^ sm * ((R(Sum,i,j)-R(Sum-1,i,j))/1000)/(60 * (RAIN
_STEP(Sum,1)-RAIN_STEP(Sum-1,1)))
    sm=sm+1
End If

'Debug.Print sm
'Debug.Print ii * detT
'Debug.Print PRe(j,j)
'Worksheets("sheet1").Cells(ii * 10+i,j)=PRe(i,j)
'Worksheets("sheet1").Cells(ii * 10+i,j)=ii * detT

Fi=Worksheets("栅格坡度").Cells(i,j).Value
S0=Sin(PI * Fi/180)        '坡度的 sin 值不用乘以 100
Ks=S0 ^ 0.5/Ns
AL=5/3
'Re=p * Cos(PI * Fi/180)-K
Re=PRe(i,j)      '净雨强
Xi=0.7
Lx=Worksheets("栅格流向").Cells(i,j).Value      '栅格流向
Select Case Lx
    Case 2
    dx=1.414 * detX
    Case 4
    dx=detX
    Case 8
    dx=1.414 * detX
    Case 16
    dx=detX
    Case 32
    dx=1.414 * detX
    Case 64
    dx=detX
    Case 128
    dx=1.414 * detX
    Case 1
    dx=detX
End Select
```

```
A0=dx * Ks ^ (-1/AL)/(4 * detT * AL)
Cof=(1-AL)/AL

SumP=Search_SumP(ii,Gd,i,j)
'以下用二分迭代法求每一时段的汇流量
Rot=newton(q1,q2,q3,Re,A0,Xi,Cof,dx,SumP)

If Rot<0 Then
Stop
End If

hh1=(Rot/Ks) ^ (1/AL)
hh2=(q(nn,ii+1)/Ks) ^ (1/AL)
hh3=(q(nn+1,ii)/Ks) ^ (1/AL)
hh4=(q(nn,ii)/Ks) ^ (1/AL)
M=2 * detT/dx
A1=(hh1+M * Xi * Rot)
A2=(hh2-M * Xi * q(nn,ii+1))
A3=(hh3-M * (1-Xi) * q(nn+1,ii))
A4=(hh4+M * (1-Xi) * q(nn,ii))

Di(nn,ii)=Ka * p ^ 2 * Sin(Fi * PI/180)



hh=(q(nn,ii)/Ks) ^ (1/AL)    '水深单位 m
S=Tan(Fi * PI/180)    '坡度的 tan 值
Tao=1000 * 9.8 * hh * S      '剪切力计算
If q(nn,ii)=0 Then
TC=0
Else
TC=3 * 10 ^ 8 * S ^ 0.5 * q(nn,ii) ^ 0.5 'Prosser 公式
End If

TaoC=Worksheets("基本参数").Cells(2,10).Value

If Tao > TaoC And TC > Cs(nn,ii) Then
   BB=1.13 * (0.8 * q(nn,ii)) ^ 0.303
   Lmd=1.5 * (0.8 * q(nn,ii)) ^ 0.37 * S ^ (-0.245)
                                                  '刘青泉的细沟的湿周回归式
   hr=(Lmd-BB)/2                                             '水深
   RR=BB * hr/Lmd                                             '水力半径
```

```
TaoF=1000 * 9.8 * RR * S          '剪切力计算
        If q(nn,ii)=0 Then
        TCf=0
        Else
        TCf=3 * 10 ^ 8 * S ^ 0.5 * (0.8 * q(nn,ii)) ^ 0.5 'Prosser 公式
        End If

    If TCf > Cs(nn,ii) Then

      Df(nn,ii)=Kr * (TaoF-TaoC) * (1-Cs(nn,ii)/TCf)
    Else
      ws=-9 * 10 ^ (-6)/D50+((9 * 10 ^ (-6)/D50) ^ 2+(RZ_S-1000)/
1000 * 9.8 * D50) ^ 0.5   '泥沙沉降速度

      Df(nn,ii)=0.5 * ws * (TCf-Cs(nn,ii))/(0.8 * q(nn,ii))
                                          '沉积时的细沟侵蚀量(沉积量)
    End If

  Else
    Df(nn,ii)=0
    'Debug.Print Df(nn,ii)
  End If

  DiDf=Di(nn,ii)+Df(nn,ii)
  'Debug.Print DiDf
  'Rot1=(2 * detT/detX * DiDf+A4 * Cs(nn,ii)+A3 * Cs(nn+1,ii)-A2 * Cs
(nn,ii+1))/A1
  If A1=0 Then
    Rot1=0
  Else
    If DiDf <= 0 Then
    Rot1=TCf
    Else
    Rot1=(2 * detT/detX * DiDf+A4 * Cs(nn,ii)+A3 * Cs(nn+1,ii)-A2 * Cs
(nn,ii+1))/A1
    End If
  End If


  'Debug.Print Rot1
  If Rot1<0 Then
```

```
'Stop
Rot1=0
End If

If Rot1 > TC Then
Rot1=TC
End If

'Worksheets("sheet1"). Cells(ii * 10+i,1)=TC
'Worksheets("sheet1"). Cells(ii * 10+i,2)=Di(nn,ii)
'Worksheets("sheet1"). Cells(ii * 10+i,3)=Df(nn,ii)
'Debug. Print TC

Select Case Lx
Case 1
Worksheets("汇流计算结果").Cells(i,j+1)=Rot
Worksheets("产沙计算结果").Cells(i,j+1)=Rot1
Case 2
Worksheets("汇流计算结果").Cells(i+1,j+1)=Rot
Worksheets("产沙计算结果").Cells(i+1,j+1)=Rot1
Case 4
Worksheets("汇流计算结果").Cells(i+1,j)=Rot
Worksheets("产沙计算结果").Cells(i+1,j)=Rot1
Case 8
Worksheets("汇流计算结果").Cells(i+1,j-1)=Rot
Worksheets("产沙计算结果").Cells(i+1,j-1)=Rot1
Case 16
Worksheets("汇流计算结果").Cells(i,j-1)=Rot
Worksheets("产沙计算结果").Cells(i,j-1)=Rot1
Case 32
Worksheets("汇流计算结果").Cells(i-1,j-1)=Rot
Worksheets("产沙计算结果").Cells(i-1,j-1)=Rot1
Case 64
Worksheets("汇流计算结果").Cells(i-1,j)=Rot
Worksheets("产沙计算结果").Cells(i-1,j)=Rot1
Case 128
Worksheets("汇流计算结果").Cells(i-1,j+1)=Rot
Worksheets("产沙计算结果").Cells(i-1,j+1)=Rot1
End Select
End If '关于 Worksheets("栅格等级")的判断结束
Next j
```

```
            Next i
        Next nn
        For jj=1 To SUM_row
            For tt=1 To SUM_column
            QT(jj,tt)=Worksheets("汇流计算结果").Cells(jj,tt).Value
            CsT(jj,tt)=Worksheets("产沙计算结果").Cells(jj,tt).Value
            If Worksheets("栅格等级").Cells(jj,tt)=0 Then
                Flux(ii+1)=QT(jj,tt) '存储流域出口每个时段的流量
                Sand(ii+1)=CsT(jj,tt) '存储流域出口每个时段的产沙量
            End If
            Next tt
        Next jj ' QT(jj,tt)存储 ii+1 时刻各级栅格汇流量


        ' Flux(ii+1)=
        '清空"汇流计算结果"表中的内容,以免在计算下一时刻的汇流量时重复累加前一时刻的汇流量
        Sheets("汇流计算结果").Select
        Cells.Select
        Selection.ClearContents
        Range("A1").Select

        Sheets("产沙计算结果").Select
        Cells.Select
        Selection.ClearContents
        Range("A1").Select
    Next ii
        For jj=1 To SUM_row
            For tt=1 To SUM_column
            If Worksheets("土地利用类型").Cells(jj,tt) <> "" Then
            Worksheets("汇流计算结果").Cells(jj,tt)=QT(jj,tt)
            Worksheets("产沙计算结果").Cells(jj,tt)=CsT(jj,tt)
            End If
            Next tt
        Next jj

        Worksheets("汇流产沙过程线").Cells(1,1)="时间"
        Worksheets("汇流产沙过程线").Cells(1,2)="流量"
        Worksheets("汇流产沙过程线").Cells(1,3)="泥沙浓度"
        For jj=1 To SUM_tn
            Worksheets("汇流产沙过程线").Cells(jj+1,1)=jj * detT
            Worksheets("汇流产沙过程线").Cells(jj+1,2)=Flux(jj)
```

```
        Worksheets("汇流产沙过程线").Cells(jj+1,3)=Sand(jj)
    Next jj
End Sub
```

2. 考虑截留和入渗的模型代码

考虑了植被截留，采用 Green - Ampt 公式计算降雨入渗的模型代码如下：

```
Option Explicit
Dim F() As Double                    '计算时刻累积入渗量
Dim R() As Double                    '径流
Dim Ns As Double                     '曼宁糙率系数
Dim SumT As Double                   '一次降雨历时
Dim detT As Double                   '计算汇流产沙的时间段
Dim detX As Double                   '流域栅格边长
Dim SUM_tn As Integer                '计算汇流产沙的总时间段数
Dim Grad As Integer                  '栅格最高等级(从0级别开始)
Dim RAIN_STEP() As Double            '不同时间累积历时、累积降雨、雨强信息
Dim q() As Double '
Dim QT() As Double
Dim Flux() As Double                 '存储流域出口每个时间段的汇流量
Dim Sand() As Double                 '存储流域出口每个时间段的产沙量
Dim SUM_column As Integer            '土地类型数据总列数
Dim SUM_row As Integer               '土地类型数据总行数
Dim SUM_IJ As Integer                '土地类型数据有效栅格数
Dim SUM As Integer                   '断点降雨资料时间总断点数

Public Sub 参数赋值()

Dim ii As Integer
Ns=0.03
SUM_row=15
SUM_column=22
detX=100
Grad=21
detT=1
If Worksheets("降雨资料").Cells(3,7).Value="" Then
   MsgBox "第三行数据不能为空!",,"数据文件错误"
End If
ii=3
SUM=0
Do While Worksheets("降雨资料").Cells(ii,5).Value <> ""
```

```
    SUM=SUM+1
    ii=ii+1
Loop
SumT=Worksheets("降雨资料").Cells(SUM+2,6).Value
SUM_tn=Fix(SumT/detT)

ReDim RAIN_STEP(1 To SUM,1 To 3) As Double  '不同时间累积历时、累积降雨、雨强信息
For ii=1 To SUM
    RAIN_STEP(ii,1)=Worksheets("降雨资料").Cells(ii+2,6).Value
    RAIN_STEP(ii,2)=Worksheets("降雨资料").Cells(ii+2,5).Value
    If ii=1 Then
    RAIN_STEP(ii,3)=0
    Else
    RAIN_STEP(ii,3)=Worksheets("降雨资料").Cells(ii+2,7).Value/Worksheets("降雨资料").
Cells(ii+2,8).Value
    End If
Next ii



End Sub



Public Function 截留 TIME(time As Double,i As Integer,j As Integer)
Dim LAI As Double              '叶面指数
Dim c As Double                '植被覆盖度
Dim lu As Integer              '土地利用类型
'Dim RAIN_STEP(1 To 10000,1 To 3) As Double  '不同时间累积历时、累积降雨、雨强信息
Dim CSUM As Double
Dim SMAX As Double
Dim ii As Integer


lu=Worksheets("土地利用类型").Cells(i,j).Value
Select Case lu
Case 1
LAI=Worksheets("基本参数").Cells(2,5).Value
c=Worksheets("基本参数").Cells(2,6).Value
Case 2
LAI=Worksheets("基本参数").Cells(3,5).Value
c=Worksheets("基本参数").Cells(3,6).Value
```

```
Case 3
LAI=Worksheets("基本参数").Cells(4,5).Value
c=Worksheets("基本参数").Cells(4,6).Value
Case 4
LAI=Worksheets("基本参数").Cells(5,5).Value
c=Worksheets("基本参数").Cells(5,6).Value
Case 5
LAI=Worksheets("基本参数").Cells(6,5).Value
c=Worksheets("基本参数").Cells(6,6).Value
Case 6
LAI=Worksheets("基本参数").Cells(7,5).Value
c=Worksheets("基本参数").Cells(7,6).Value
Case 7
LAI=Worksheets("基本参数").Cells(8,5).Value
c=Worksheets("基本参数").Cells(8,6).Value
Case Else
MsgBox "土地利用类型参数错误,参数只能为1、2、3、4、5、6、7!",,"数据文件错误"
End Select
SMAX=0.935+0.498*LAI-0.00575*LAI^2


Dim PCUM As Double
For ii=1 To SUM
   If RAIN_STEP(ii,1)=time Then
   PCUM=RAIN_STEP(ii,2)
   Exit For
   End If
Next ii

CSUM=SMAX*(1-Exp(-0.046*LAI*PCUM/SMAX))
If CSUM >= SMAX Then
CSUM=SMAX
Else
CSUM=CSUM
End If

截留TIME=CSUM

End Function
```

```
Public Function 截留 PCUM(PCUM As Double,i As Integer,j As Integer)
Dim LAI As Double              '叶面指数
Dim c As Double                '植被覆盖度
Dim lu As Integer              '土地利用类型
Dim CSUM As Double
Dim SMAX As Double
Dim ii As Integer


lu=Worksheets("土地利用类型").Cells(i,j).Value
Select Case lu
Case 1
LAI=Worksheets("基本参数").Cells(2,5).Value
c=Worksheets("基本参数").Cells(2,6).Value
Case 2
LAI=Worksheets("基本参数").Cells(3,5).Value
c=Worksheets("基本参数").Cells(3,6).Value
Case 3
LAI=Worksheets("基本参数").Cells(4,5).Value
c=Worksheets("基本参数").Cells(4,6).Value
Case 4
LAI=Worksheets("基本参数").Cells(5,5).Value
c=Worksheets("基本参数").Cells(5,6).Value
Case 5
LAI=Worksheets("基本参数").Cells(6,5).Value
c=Worksheets("基本参数").Cells(6,6).Value
Case 6
LAI=Worksheets("基本参数").Cells(7,5).Value
c=Worksheets("基本参数").Cells(7,6).Value
Case 7
LAI=Worksheets("基本参数").Cells(8,5).Value
c=Worksheets("基本参数").Cells(8,6).Value
Case Else
MsgBox "土地利用类型参数错误,参数只能为 1、2、3、4、5、6、7!",,"数据文件错误"
End Select
SMAX=0.935+0.498*LAI-0.00575*LAI^2
```

```
CSUM=SMAX * (1-Exp(-0.046 * LAI * PCUM/SMAX))
If CSUM >= SMAX Then
CSUM=SMAX
Else
CSUM=CSUM
End If

截留 PCUM=CSUM

End Function



'Public Sub 截留输出()
'清空"截留计算结果"表中的内容
'Sheets("截留计算结果").Select
'Cells.Select
'Selection.ClearContents
'Range("A1").Select
'Dim jj As Integer
'Dim jieliu As Double
'SUM_column=22                          '根据具体流域栅格信息修改
'SUM_row=15                             '根据具体流域栅格信息修改
'SUM_IJ=230                             '根据具体流域栅格信息修改
'Dim N As Integer
'n=0

'For jj=1 To 12
'For i=1 To SUM_row
'For j=1 To SUM_column
  'Dim ti As Double
  'If Worksheets("土地利用类型").Cells(i,j) <> "" Then
  'ti=Worksheets("降雨资料").Cells(jj+2,6)
  'jieliu =截留 TIME(ti,i,j)
  'Worksheets("sheet1").Cells(n * SUM_row+i,j)=jieliu
  'End If
'Next j
'Next i
'n=n+1
'Next jj
```

```
'End Sub



Public Sub 径流计算()
'清空"径流计算结果"表中的内容
Sheets("径流计算结果").Select
Cells.Select
Selection.ClearContents
Range("A1").Select

Dim i As Integer
Dim ii As Integer
Dim j As Integer
Dim jj As Integer
Dim time As Double
Dim K As Double                               '导水率
Dim SM As Double                              '水吸力
Dim lu As Integer                             '土地利用类型

Dim Cu As Double                              '积水参数
ReDim F(1 To SUM,1 To SUM_row,1 To SUM_column) As Double  '计算时刻累积入渗量
ReDim R(1 To SUM,1 To SUM_row,1 To SUM_column) As Double  '径流
Dim Fp As Double                              '开始时刻有积水的入渗中间变量
Dim tp As Double                              '积水出现时刻
Dim ts As Double                              '中间时间变量
Dim TP_IJ(1 To 100,1 To 100) As Double        '记录地表出现积水时刻
Dim TS_IJ(1 To 100,1 To 100) As Double        '记录地表出现积水时刻的中间变量
Dim P_tp As Double                            '积水出现时刻的降雨
Dim tt As Double
Dim cp As Double                              '前一时刻有积水,判断后一时刻有无积水的参数

Dim nn As Integer
nn=0
For jj=1 To 12
'调试输出
'Debug.Print jj
   For i=1 To SUM_row
      For j=1 To SUM_column
         If Worksheets("土地利用类型").Cells(i,j) <> "" Then
            lu=Worksheets("土地利用类型").Cells(i,j).Value
```

```
Select Case lu
Case 1
K=Worksheets("基本参数").Cells(2,7).Value
SM=Worksheets("基本参数").Cells(2,8).Value
Case 2
K=Worksheets("基本参数").Cells(3,7).Value
SM=Worksheets("基本参数").Cells(3,8).Value
Case 3
K=Worksheets("基本参数").Cells(4,7).Value
SM=Worksheets("基本参数").Cells(4,8).Value
Case 4
K=Worksheets("基本参数").Cells(5,7).Value
SM=Worksheets("基本参数").Cells(5,8).Value
Case 5
K=Worksheets("基本参数").Cells(6,7).Value
SM=Worksheets("基本参数").Cells(6,8).Value
Case 6
K=Worksheets("基本参数").Cells(7,7).Value
SM=Worksheets("基本参数").Cells(7,8).Value
Case 7
K=Worksheets("基本参数").Cells(8,7).Value
SM=Worksheets("基本参数").Cells(8,8).Value
End Select
If jj=1 Then
   R(jj,i,j)=0
   F(jj,i,j)=0
Else
   If R(jj-1,i,j) <= 0 Then
      If RAIN_STEP(jj,3)-K <= 0 Then
      R(jj,i,j)=0
      F(jj,i,j)=RAIN_STEP(jj,2)
      Else
      Cu=RAIN_STEP(jj,2) -截留 TIME(RAIN_STEP(jj,1),i,j)-R(jj-1,i,j)-K
* SM/(RAIN_STEP(jj,3)-K)
      If Cu <= 0 Then
         R(jj,i,j)=0
         F(jj,i,j)=RAIN_STEP(jj,2) -截留 TIME(RAIN_STEP(jj,1),i,j)-R(jj-1,i,j)
      Else
         TP_IJ(i,j)=(K * SM/(RAIN_STEP(jj,3)-K)-RAIN_STEP(jj-1,2) +截留
TIME(RAIN_STEP(jj-1,1),i,j)+R(jj-1,i,j))/RAIN_STEP(jj,3)+RAIN_STEP(jj-1,1)
         P_tp=RAIN_STEP(jj-1,2)+RAIN_STEP(jj,3) * (TP_IJ(i,j)-RAIN_STEP
```

```
(jj-1,1))
                TS_IJ(i,j)=((P_tp-R(jj-1,i,j) -截留 PCUM(P_tp,i,j))/SM-Applica-
tion. Ln(1+(P_tp-R(jj-1,i,j)-截留 PCUM(P_tp,i,j))/SM)) * SM/K
                tt=RAIN_STEP(jj,1)-TP_IJ(i,j)+TS_IJ(i,j)
                '调试输出
                'Debug. Print TS_IJ(i,j)

                Dim a As Double
                Dim b As Double
                Dim c As Double
                Dim N As Integer
                Dim p As Double
                Dim w As Double
                Dim Rot As Double
                a=0
                b=1000
                ii=1
                N=10000
                c=0.00001
                Do While ii<N
                   p=a+(b-a)/2
                   w=p-Application. Ln(1+p)-K * tt/SM
                   If w=0 Or (b-a)/2<c Then
                      Rot=p
                      Exit Do
                   Else
                   ii=ii+1
                      If Sgn(w) <> Sgn(a-Application. Ln(1+a)-K * tt/SM) Then
                      b=p
                      Else
                      a=p
                      End If

                   End If
                Loop
                Rot=p
                '调试输出
                'Debug. Print p
                F(jj,i,j)=Rot * SM
                R(jj,i,j)=RAIN_STEP(jj,2) -截留 TIME(RAIN_STEP(jj,1),i,j)-F(jj,i,j)
               End If  '在前一时刻径流小于等于零的情况下关于 RAIN_STEP(jj,3)-K 的判断
```

计算完毕

```
        End If  '前一时刻径流小于等于零的情况计算完毕
    Else '计算前一时刻径流大于零的情况
    If RAIN_STEP(jj,3)-K<=0 Then
    R(jj,i,j)=R(jj-1,i,j)
    F(jj,i,j)=RAIN_STEP(jj,2)-截留 TIME(RAIN_STEP(jj,1),i,j)-R(jj-1,i,j)
    Else
    tt=RAIN_STEP(jj,1)-TP_IJ(i,j)+TS_IJ(i,j)
     '调试输出
     'Debug.Print tt
    a=0
    b=1000
    ii=1
    N=10000
    c=0.00001
    Do While ii<N
        p=a+(b-a)/2
        w=p-Application.Ln(1+p)-K*tt/SM
        If w=0 Or (b-a)/2<c Then
          Rot=p
        Exit Do
        Else
        ii=ii+1
        If Sgn(w) <> Sgn(a-Application.Ln(1+a)-K*tt/SM) Then
          b=p
          Else
          a=p
      End If
    End If
    Loop
    Rot=p
     '调试输出
     'Debug.Print rot
    Fp=Rot*SM
    cp=RAIN_STEP(jj,2) -截留 TIME(RAIN_STEP(jj,1),i,j)-R(jj-1,i,j)-Fp
        If cp <= 0 Then
          R(jj,i,j)=R(jj-1,i,j)
          F(jj,i,j)=RAIN_STEP(jj,2) -截留 TIME(RAIN_STEP(jj,1),i,j)-R(jj-1,i,j)
        Else
          F(jj,i,j)=Fp
          R(jj,i,j)=RAIN_STEP(jj,2) -截留 TIME(RAIN_STEP(jj,1),i,j)-F(jj,i,j)
```

```
                    End If  '关于 cp 的判断计算完毕
                End If  '在前一时刻径流大于零的情况下，关于 RAIN_STEP(jj,3)－K 的判断计算
完毕
                End If  '关于前一时刻径流的判断计算完毕
            End If  '关于 jj 的判断计算完毕
        Worksheets("径流计算结果").Cells(nn * SUM_row+i,j)=R(jj,i,j)
        End If  '关于 worksheets("土地利用类型")的判断计算完毕
      Next j
   Next i
nn=nn+1
Next jj
End Sub



'Public Sub 径流输出()
'Dim nn As Integer
'Dim i As Integer
'Dim ii As Integer
'Dim j As Integer
'Dim jj As Integer
'nn=0
'For jj=1 To 12
   '调试输出
  'Debug.Print jj
  'For i=1 To 15
     'For j=1 To 22
     'Worksheets("径流计算结果").Cells(nn * 15+i,j)=R(jj,i,j)
     'Next j
  'Next i
'nn=nn+1
'Next jj

'End Sub



Public Sub 汇流产沙()
'清空"汇流计算结果"表中的内容
Sheets("汇流计算结果").Select
```

```
Cells. Select
Selection. ClearContents
Range("A1"). Select
'清空"产沙计算结果"表中的内容
Sheets("产沙计算结果"). Select
Cells. Select
Selection. ClearContents
Range("A1"). Select

'Call 参数赋值
ReDim q(0 To Grad,0 To SUM_tn)
ReDim QT(1 To SUM_row,1 To SUM_column) As Double
ReDim Flux(SUM_tn)                    '存储流域出口每个时段的流量
ReDim Sand(SUM_tn)                    '存储流域出口每个时段的产沙量
Dim Gd As Integer                     '存储栅格级别
Dim h As Double                       '每一时刻的径流深度
Dim p As Double
Dim Re As Double
Dim K As Double
Dim Ks As Double
Dim Fi As Double
Dim S0 As Double
Dim AL As Double
Dim Xi As Double
Dim dx As Double
Dim tn As Double
Dim i As Integer
Dim ii As Integer
Dim j As Integer
Dim jj As Integer
Dim lu As Integer
Dim Lx As Integer                     '记录栅格流向
Dim Fx As Double                      '方程值
Dim Gx As Double                      '导数值
Dim A0 As Double                      '方程常系数
Dim A1 As Double                      '方程指数常数
Dim tt As Integer
Dim nn As Double
Dim X1 As Double
Dim X2 As Double
Dim X3 As Double
```

```
Dim X4 As Double
Dim X5 As Double

Dim PI As Double
PI=3.1415926
Dim e As Double                          '牛顿迭代法的误差限
e=0.00001
Dim MaxN As Integer                      '最大迭代次数
MaxN=10000
Dim x0 As Double                         '迭代初值
x0=0
Dim Rot As Double                        '方程根
Dim pp As Double
Dim a As Double                          '二分法求解区间下限
a=0
Dim b As Double                          '二分法求解区间上限
b=100

'给 qq(0 To Grad,0 To SUM_tn)赋值边界条件
For jj=0 To SUM_tn
q(0,jj)=0
Next jj
For jj=0 To Grad
q(jj,0)=0
Next jj

' tn=Grad
For ii=0 To SUM_tn-1
   For nn=0 To Grad-1
      Gd=Grad-nn
        For i=1 To SUM_row
           For j=1 To SUM_column
              If Worksheets("栅格等级").Cells(i,j) <> "" And Worksheets("栅格等级").Cells(i,
j)=Gd Then
                 Lx=Worksheets("栅格流向").Cells(i,j).Value
                 If nn=0 And ii=0 Then '求方程前给 q(nn,ii+1) q(nn+1,ii) q(nn,ii)赋初值开始
                    q(nn,ii+1)=0
                    q(nn+1,ii)=0
                    q(nn,ii)=0
                 ElseIf nn <> 0 And ii=0 Then
                    q(nn+1,ii)=0
```

```
        q(nn,ii)=0
        q(nn,ii+1)=Worksheets("汇流计算结果").Cells(i,j).Value
    ElseIf nn=0 And ii <> 0 Then
        q(nn,ii+1)=0
        q(nn,ii)=0
        Select Case Lx
        Case 1
        q(nn+1,ii)=QT(i,j+1)
        Case 2
        q(nn+1,ii)=QT(i+1,j+1)
        Case 4
        q(nn+1,ii)=QT(i+1,j)
        Case 8
        q(nn+1,ii)=QT(i+1,j-1)
        Case 16
        q(nn+1,ii)=QT(i,j-1)
        Case 32
        q(nn+1,ii)=QT(i-1,j-1)
        Case 64
        q(nn+1,ii)=QT(i-1,j)
        Case 128
        q(nn+1,ii)=QT(i-1,j+1)
        Case Else
        MsgBox "栅格流向参数错误,参数只能为1、2、4、8、16、32、64、128!",,"数据文件错误"
        End Select
    Else
        q(nn,ii+1)=Worksheets("汇流计算结果").Cells(i,j).Value
        q(nn,ii)=QT(i,j)
        Select Case Lx
        Case 1
        q(nn+1,ii)=QT(i,j+1)
        Case 2
        q(nn+1,ii)=QT(i+1,j+1)
        Case 4
        q(nn+1,ii)=QT(i+1,j)
        Case 8
        q(nn+1,ii)=QT(i+1,j-1)
        Case 16
        q(nn+1,ii)=QT(i,j-1)
        Case 32
        q(nn+1,ii)=QT(i-1,j-1)
```

```
        Case 64
        q(nn+1,ii)=QT(i-1,j)
        Case 128
        q(nn+1,ii)=QT(i-1,j+1)
        Case Else
        MsgBox "栅格流向参数错误,参数只能为1、2、4、8、16、32、64、128!",,"数据文件错误"
        End Select
    End If '求方程前给 q(nn,ii+1) q(nn+1,ii) q(nn,ii)赋初值完毕
        lu=Worksheets("土地利用类型").Cells(i,j).Value
        Select Case lu
        Case 1
        K=Worksheets("基本参数").Cells(2,7).Value
        Case 2
        K=Worksheets("基本参数").Cells(3,7).Value
        Case 3
        K=Worksheets("基本参数").Cells(4,7).Value
        Case 4
        K=Worksheets("基本参数").Cells(5,7).Value
        Case 5
        K=Worksheets("基本参数").Cells(6,7).Value
        Case 6
        K=Worksheets("基本参数").Cells(7,7).Value
        Case 7
        K=Worksheets("基本参数").Cells(8,7).Value
        End Select
        If ii * detX=0 Then
           p=RAIN_STEP(2,3)
        Else
           For jj=1 To SUM-1
               If RAIN_STEP(jj,1)<ii * detX <= RAIN_STEP(jj+1,1) Then
               p=RAIN_STEP(jj+1,3)
               Exit For
               End If
           Next jj
        End If '有关 ii * detX 的判断结束
        Fi=Worksheets("栅格坡度").Cells(i,j).Value
        S0=Sin(PI * Fi/180)
        Ks=S0 ^ 0.5/Ns
        AL=5/3
        Re=p * Cos(PI * Fi/180)-K
        Xi=0.7
```

```
 Lx=Worksheets("栅格流向").Cells(i,j).Value
 Select Case Lx
    Case 2
    dx=1.414 * detX
    Case 4
    dx=detX
    Case 8
    dx=1.414 * detX
    Case 16
    dx=detX
    Case 32
    dx=1.414 * detX
    Case 64
    dx=detX
    Case 128
    dx=1.414 * detX
    Case 1
    dx=detX
End Select
A0=dx * Ks ^ (-1/AL)/(4 * detT * AL)
A1=(1-AL)/AL
'以下用牛顿迭代法求每一时段的汇流量
jj=1
Do While jj<MaxN
'保证零的任何次方都是零,程序中零的负数次方没有意义
If x0=0 Then
   X1=0
Else
   X1=x0 ^ A1
End If

If q(nn,ii+1)=0 Then
   X2=0
Else
   X2=q(nn,ii+1) ^ A1
End If

If q(nn+1,ii)=0 Then
   X3=0
Else
   X3=q(nn+1,ii) ^ A1
```

```
End If

If q(nn,ii)=0 Then
   X4=0
Else
   X4=q(nn,ii) ^ A1
End If

'If x0=0 Then
   'X5=0
'Else
   'X5=x0 ^ ((1-2 * AL)/AL)
'End If
If a=0 Then
   X5=0
Else
   X5=a ^ A1
End If

'Fx=Xi * (x0-q(nn,ii+1))+(1-Xi) * (q(nn+1,ii)-q(nn,ii))+A0 * (Xi *
(X1+X2)+(1-Xi) * (X3+X4)) * (x0-q(nn+1,ii)+q(nn,ii+1)-q(nn,ii))-Re * dx
'Gx=Xi+A0 * (Xi/AL * X1-Xi * A1 * (q(nn+1,ii) -q(nn,ii+1)+q(nn,ii))
* X5+Xi * X2+(1-Xi) * X3+(1-Xi) * X4)
'pp=x0-Fx/Gx
'If Abs(pp-x0)<e Then
   'Rot=pp
   'Exit Do
'Else
   'jj=jj+1
   'x0=pp
'End If
x0=a+(b-a)/2
      Fx=Xi * (x0-q(nn,ii+1))+(1-Xi) * (q(nn+1,ii)-q(nn,ii))+A0 *
(Xi * (X1+X2)+(1-Xi) * (X3+X4)) * (x0-q(nn+1,ii)+q(nn,ii+1)-q(nn,ii))-Re * dx
      Gx=Xi * (a-q(nn,ii+1))+(1-Xi) * (q(nn+1,ii)-q(nn,ii))+A0 * (Xi
* (X5+X2)+(1-Xi) * (X3+X4)) * (a-q(nn+1,ii)+q(nn,ii+1)-q(nn,ii))-Re * dx
      If Fx=0 Or (b-a)/2<e Then
         Rot=x0
         Exit Do
      Else
      jj=jj+1
```

```
                    If Sgn(Fx) <> Sgn(Gx) Then
                    b=x0
                    Else
                    a=x0
                    End If

                End If
            Loop
            Select Case Lx
            Case 1
             Worksheets("汇流计算结果").Cells(i,j+1)=Worksheets("汇流计算结果").
Cells(i,j+1).Value+Rot
            Case 2
            Worksheets("汇流计算结果").Cells(i+1,j+1)=Worksheets("汇流计算结果").
Cells(i+1,j+1).Value+Rot
            Case 4
             Worksheets("汇流计算结果").Cells(i+1,j)=Worksheets("汇流计算结果").
Cells(i+1,j).Value+Rot
            Case 8
            Worksheets("汇流计算结果").Cells(i+1,j-1)=Worksheets("汇流计算结果").
Cells(i+1,j-1).Value+Rot
            Case 16
             Worksheets("汇流计算结果").Cells(i,j-1)=Worksheets("汇流计算结果").
Cells(i,j-1).Value+Rot
            Case 32
            Worksheets("汇流计算结果").Cells(i-1,j-1)=Worksheets("汇流计算结果").
Cells(i-1,j-1).Value+Rot
            Case 64
             Worksheets("汇流计算结果").Cells(i-1,j)=Worksheets("汇流计算结果").
Cells(i-1,j).Value+Rot
            Case 128
            Worksheets("汇流计算结果").Cells(i-1,j+1)=Worksheets("汇流计算结果").
Cells(i-1,j+1).Value+Rot
            End Select
        End If '关于 Worksheets("栅格等级")的判断结束
      Next j
    Next i
  Next nn
  For jj=1 To SUM_row
    For tt=1 To SUM_column
    QT(jj,tt)=Worksheets("汇流计算结果").Cells(jj,tt).Value
```

```
        Next tt
    Next jj 'QT(jj,tt)存储 nn+1 时刻各级栅格汇流量
    'Flux(ii+1)=
    '清空"汇流计算结果"表中的内容,以免在计算下一时刻的汇流量时,重复累加前一时刻的汇流量
    Sheets("汇流计算结果").Select
    Cells.Select
    Selection.ClearContents
    Range("A1").Select
Next ii
    For jj=1 To SUM_row
        For tt=1 To SUM_column
        If Worksheets("土地利用类型").Cells(jj,tt) <> "" Then
        Worksheets("汇流计算结果").Cells(jj,tt)=QT(jj,tt)
        End If
        Next tt
    Next jj
End Sub
```